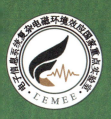

电磁环

U0611487

天线 Antenna
——射频电能的收集器与中转站
—— Radio Frequency Energy Collector and Transfer Station

电子信息系统复杂电磁环境效应国家重点实验室　编著

国防工业出版社
·北京·

内 容 简 介

本书从电磁环境效应产生的角度出发,对天线的历史、发展和基础理论进行了较全面和深入地梳理,对典型天线及其基本用途进行介绍。从电磁波的发现与应用、天线的产生及发展、天线基础理论、天线测量,以及典型天线的介绍及应用等几个方面,系统地介绍了天线相关的基础问题。

本书是电磁环境效应科普读物系列之一,主要是关于天线基础知识的介绍和总结,适合高等院校电子信息工程专业、从事电磁环境效应相关领域研究工作的人员以及初、高级中学电子信息技术爱好者阅读使用,也可作为电子信息工程、通信、雷达等相关专业的辅导和教学参考用书。

图书在版编目(CIP)数据

天线:射频电能的收集器与中转站 / 电子信息系统复杂电磁环境效应国家重点实验室编著 . —北京:国防工业出版社,2017.12

ISBN 978-7-118-11478-2

Ⅰ.①天… Ⅱ.①电… Ⅲ.①天线 Ⅳ.①TN82

中国版本图书馆 CIP 数据核字(2017)第 320626 号

※

*国防工业出版社*出版发行

(北京市海淀区紫竹院南路 23 号 邮政编码 100048)

北京龙世杰印刷有限公司印刷

新华书店经售

*

开本 710×1000 1/16 印张 7 字数 134 千字

2017 年 12 月第 1 次印刷 印数 1—2000 册 定价 48.00 元

(本书如有印装错误,我社负责调换)

国防书店:(010)88540777 发行邮购:(010)88540776
发行传真:(010)88540755 发行业务:(010)88540717

《天线——射频电能的收集器与中转站》
编写组

组　长　汪连栋

副组长　曾勇虎　申绪涧

成　员　韩　慧　洪丽娜　董　俊　郝晓军

　　　　冯润明　许　雄　王亚华　于　涛

　　　　王满喜　戚宗锋　王华兵　杨晓帆

　　本书是根据电子信息系统复杂电磁环境效应国家重点实验室开放交流计划,结合实验室研究方向与专业实践经验,在总结梳理相关领域资料基础上编写的电磁环境效应科普读物。

　　"天线"是无线信号收、发的关键环节,高频设备产生的射频信号需要通过某种装置辐射到空间中,同时空间存在的电磁信号也同样需要通过某种装置进入高频接收设备当中,"天线"就是这种装置,通过它架起了空间射频能量与高频收、发设备间的桥梁。

　　"天线"是如何工作的呢? 我们知道天线多是由金属导体组成,因此它上面可以存在辐射电流或者感应电流。当"天线"作为射频信号的辐射器时,基于天线端口的馈电,整个天线表面会分布辐射电流,由于高频电流的存在,射频信号的能量就可以顺利进入空间;当"天线"作为空间电磁信号的传感器时,空间射频信号作用于"天线",使其表面产生感应电流,感应电流激励天线馈电端口,进而产生高频电压/电流信号,最终完成空间射频能量向高频设备的传输。

　　"天线"的相关内容博大精深,单就描述工作性能的指标就多达十余项,本书主要作为科普类读物,在整理大量有关"天线"类著作的基础上,简化了相关理论推导过程,通过大量浅显易懂的实例说明"天线"的原理及其应用相关问题。通过本书的撰写,希望能够带领读者进入"天线"的奇妙世界,开启电磁环境效应研究的美妙旅程。

　　本书包括5个章节:第1章天线的历史与发展;第2章天线基础;第3章天线的测量;第4章典型天线介绍;第5章天线的典型应用。在本书的撰写过程中,作者得到了其研究团队同仁的大力协助;在后期的审稿过程中,电子信息系统复杂电磁环境效应国家重点实验室的各位同事通过广泛的调研与深入的研讨,对编写工作提出了许多建设性的意见;另外,本书的编写还得到了613319项目组和国防工业出版社的大力支持,在此表示真诚的谢意。同时,本书参考了国内外大量的相关文献和研究成果,对这些作者和研究人员,在此一并表示感谢。

天线领域的相关研究还在向前发展,许多研究工作需要不断地创新与完善。尽管我们在撰写过程中做了很大努力,但囿于认识和水平,书中难免有不当和疏漏之处,敬请读者和各位同仁批评指正。

编者

2017 年 8 月

目　录

左侧竖排：天线——射频电能的收集器与中转站

第1章

天线的历史及发展

1.1 电磁波的发现与应用

1.2 天线的发展

天线是从空间辐射或接收电磁波(信息)的装置。天线是一种变换器,它把传输线上传播的导行波变换成在无界媒介(通常是自由空间)中传播的电磁波,或者进行相反的变换。天线广泛应用于无线电通信、广播、电视、雷达、导航、电子对抗、遥感、射电天文等工程系统。凡是利用电磁波来传递信息的,都依靠天线来工作。

1.1　电磁波的发现与应用

【电磁波】

从科学的角度来说,电磁波是能量的一种,凡是高于绝对零度的物体,都会释放电磁波。且温度越高,释放出的电磁波波长就越短。表 1-1 为电磁波谱和波段划分。

表 1-1　电磁波谱和波段划分

光谱区	频率范围/Hz	空气中波长	作用类别
宇宙或 γ 射线	$>10^{20}$(能量 MeV)	$<10^{-12}$m	原子核
X 射线	$10^{20} \sim 10^{16}$	10^{-3}nm～10nm	内层电子跃迁
远紫外光	$10^{16} \sim 10^{15}$	10nm～200nm	电子跃迁
紫外光	$10^{15} \sim 7.5 \times 10^{14}$	200nm～400nm	电子跃迁
可见光	$7.5 \times 10^{14} \sim 4.0 \times 10^{14}$	400nm～750nm	价电子跃迁
近红外光	$4.0 \times 10^{14} \sim 1.2 \times 10^{14}$	0.75μm～2.5μm	振动跃迁
红外光	$1.2 \times 10^{14} \sim 10^{11}$	2.5μm～1000μm	振动或转动跃迁
微波	$10^{11} \sim 10^{8}$	1mm～1000mm	转动跃迁
无线电波	$10^{8} \sim 10^{5}$	1m～1000m	原子核旋转跃迁
声波	20000～30	15km～10^{6}km	分子运动

无线电技术中使用的电磁波成为无线电波。表 1-2 为无线电波波段划分。

表 1-2　无线电波波段划分

频段名称	频率范围	波长		传播方式	用途
甚低频(VLF)	3～30kHz	万米波(甚长波)			
低频(LF)	30～300kHz	千米波(长波)		地波	超远程无线电通信和导航
中频(MF)	300～3000kHz	百米波(中波)		地波和天波	调幅无线电广播、电报、通信
高频(HF)	3～30MHz	十米波(短波)			
甚高频(VHF)	30～300MHz	米波(超短波)		近似直线传播	调频无线电广播、电视、导航
特高频(UHF)	300～3000MHz	分米波	微波	直线传播	电视、雷达、导航
超高频(SHF)	3～30GHz	厘米波			
极高频(EHF)	30～300GHz	毫米波			
	300～3000GHz	亚毫米波			

1831 年，法拉第首次发现电磁感应现象，即：当一块磁铁穿过一个闭合线路时，线路内就会有电流产生。1865 年，英国的 J. C. 麦克斯韦总结了前人的科学成果，提出了电磁波学说。1887 年，德国科学家 H. R. 赫兹用一个振荡偶子产生了电磁波，在历史上第一次直接验证了电磁波的存在。

【赫兹实验验证了电磁波的存在】

为了用实验来验证麦克斯韦高深莫测的电磁场理论，验证电磁波的存在，赫兹精心设计了一个电磁波发生器，对"电火花实验"进行了一系列深入的研究。赫兹用两块边长 40.64cm 的正方形锌板，每块锌板接上一个 30.5cm 长的铜棒，铜棒的一端焊上一个金属球，将铜棒与感应圈的电极相连。通电时，如果使两根铜棒上的金属球靠近，便会看到有火花从一个球跳到另一个球，这些火花表明电流在循环不息。在金属球之间产生的这种高频电火花，即电磁波。麦克斯韦的理论认为由此电磁波便会被送到空间去。赫兹为了捕捉这些电磁波，证明电磁波确实被送到了空间，他用一根两端带有铜球的铜丝弯成环状，当作检波器。他把这个检波器放到离电磁波发生器 10m 远的地方，当电磁波发生器通电后，检波器铜丝圈两端的铜球上产生了电火花。这些火花是怎样产生的呢？赫兹认为：这便是电磁波从发射器发出后，被检波器捉住了；电磁波不仅产生了，而且传播了 10m 远。

1888 年，赫兹的发现激发了俄国科学家波波夫（亚历山大·斯塔帕诺维奇·波波夫，Александр Степанович Попов，1859—1906）的研究兴趣。1889 年，他多次重复了赫兹的实验，并提出"电磁波可以用来向远处发送信号"。在一次实验中，波波夫发现金属屑检波器的灵敏度异常地高。接收电磁波的距离比起平时有明显的增加。他没放过这个异常现象，仔细地观察了周围环境，也没发现什么变化。找了很多原因，但都一一排除了。他感到很奇怪，再试一次，灵敏度还是异常得高。忽然，他瞥见有一根导线搭在检波器上。很明显，这根导线增加了检波器的接收能力，增加了灵敏度。波波夫真是喜出望外，提高机器的灵敏度，增加传收距离的愿望竟在这无意中达到了。他使用的这根导线是世界上的第一根天线。波波夫对无线电通信的杰出贡献，就是他发现了天线的作用。1894 年，波波夫改进了赫兹的实验装置，利用撒了金属粉末的检波器，通过架在高空的导线，记录了大气中的放电现象。这是世界上第一台无线电接收机。1895 年 5 月 7 日，波波夫在俄国的物理学部年会上表演了他创造的这个"雷暴指示器"。1896 年 3 月 24 日，波波夫又在彼得堡大学两幢相距 250m 的大楼之间表演了无线电通信，他和助手进行了一次正式的无线电传递莫尔斯电码的表演。1897 年，波波夫奉命在俄国波罗的海舰队的一些舰艇上建立无线电通信设备。1899 年,波波夫将无线电投入军事应用,建立了 40 多 km 的无线电通信网。

　　1894 年,意大利科学家 G. 马可尼在赫兹实验的基础上,在家中的楼上安装了发射电波的装置,楼下放置了检波器,并让检波器与电铃相接。他在楼上一接通电源,电磁波便穿过了检波器,让楼下的电铃迅速响了起来。第二年(1895年)夏天,马可尼又完成了一次非常成功的实验。到了秋天,实验又获得很大的进步。他把一只煤油桶展开,变成一块大铁板,作为发射的天线。把接收机的天线高挂在一棵大树上,用以增加接收信号的灵敏程度。他把发射机放在一座山岗的一侧,接收机安放在山岗另一侧的家中。当他的助手发送信号时,他有些紧张地守候着信号接收机。突然,电铃发出了清脆的响声。这响声对他来说比动人的交响乐更悦耳动听,让他几乎跳了起来。马可尼成功了! 这次实验的距离达到 2.7km,出现了历史性的突破。

　　1896 年,马可尼抱着自己简陋的无线电发射机来到了工业革命的中心——英国,在伦敦开始了自己的创业生涯。1896 年 6 月,他用电磁波进行了约14.4km 距离的无线电通信试验;1898 年,在英吉利海峡两岸进行无线电报跨海试验成功,通信距离为 45 公里;1899 年又建立了 106 千米距离的通信联系。1901 年 12 月,马可尼在加拿大用风筝牵引天线,成功地接收到了大西洋彼岸的无线电报,完成了横跨大西洋 3600km 的无线电远距离通信。

　　马可尼和波波夫关于无线电通信的发明,都是在 1895 年—1901 年这短短的五六年时间内,各自独立完成的。因此可以说,无线电应用的大门是马可尼和波波夫同时打开的。天线也随着无线电的应用和发展而逐渐发展起来。

1.2　天线的发展

　　最早的发射天线是赫兹在 1887 年为了验证麦克斯韦根据理论推导所作关于存在电磁波的预言而设计的。它是两个约为 30cm 长、位于一直线上的金属杆,其远离的两端分别与两个约 40cm^2 的正方形金属板相连接,靠近的两端分别连接两个金属球并接到一个感应线圈的两端,利用金属球之间的火花放电来产生振荡。当时,赫兹用的接收天线是单圈金属方形环状天线,根据方环端点之间空隙出现火花来指示收到了信号。马可尼是第一个采用大型天线实现远洋通信的,所用的发射天线由 30 根下垂铜线组成,顶部用水平横线连在金属方形环状天线,根据方环端点之间空隙出现火花来指示收到了信号。这是人类真正付之实用的第一副天线。自从这副天线产生以后,天线的发展大致分为四个历史时期。

　　1. 20 世纪 30 年代之前:线天线时期

　　【线天线】

　　线天线是由线径远比波长小,长度可与波长相比的一根或多根金属导线构成的天线。主要用于长、中、短波及超短波波段,作为发射或接收天线。

在无线电获得应用的最初时期,真空管振荡器尚未发明,人们认为波长越长,传播中衰减越小。因此,为了实现远距离通信,所利用的波长都在 1000m 以上。在这一波段中,显然水平天线是不合适的,因为大地中的镜像电流和天线电流方向相反,天线辐射很小。此外,它所产生的水平极化波沿地面传播时衰减很大。因此,在这一时期应用的是各种不对称天线,如倒 L 形、T 形、伞形天线等。由于高度受到结构上的限制,这些天线的尺寸比波长小很多,因而是属于电小天线的范畴。

◆ 倒 L 形天线

在单根水平导线的一端连接一根垂直引下线而构成的天线。因其形状像英文字母 L 倒过来,故称倒 L 形天线。俄文字母的 Γ 字正好是英文字母 L 的倒写。故称 Γ 型天线更方便。它是垂直接地天线的一种形式。为了提高天线的效率,它的水平部分可用几根导线排在同一水平面上组成,这部分产生的辐射可忽略,产生辐射的是垂直部分。倒 L 形天线一般用于长波通信。它的优点是结构简单、架设方便;缺点是占地面积大、耐久性差。

◆ T 形天线

T 形天线是最常见的一种垂直接地的天线。一般用于长波和中波通信。在水平导线的中央,接上一根垂直引下线,形状像英文字母 T,故称 T 形天线。它是最常见的一种垂直接地的天线。它的水平部分辐射可忽略,产生辐射的是垂直部分。为了提高效率,水平部分也可用多根导线组成。T 形天线的特点与倒 L 形天线相同。它一般用于长波和中波通信。

◆ 伞形天线

在单根垂直导线的顶部,向各个方向引下几根倾斜的导体,这样构成的天线形状像张开的雨伞,故称伞形天线。它也是垂直接地天线的一种形式。其特点和用途与倒 L 形、T 形天线相同。

20 世纪 20 年代,业余无线电爱好者发现短波能传播到很远的距离。A. E. 肯内利和 Q. 亥维赛发现了电离层的存在和它对短波的反射作用,从而开辟了短波波段和中波波段领域。这时,天线尺寸可以与波长相比拟,促进了天线的顺利发展。这一时期,除了抗衰落的塔式广播天线外,还设计出各种水平天线和各种天线阵,采用的典型天线有偶极天线(见对称天线)、环形天线、长导线天线、同相水平天线、八木天线(见八木——宇田天线)、菱形天线和鱼骨形天线等。这些天线比初期的长波天线有较高的增益、较强的方向性和较宽的频带,后来一直得到使用并经过不断改进。

【天线阵】

由许多相同的单个天线(如对称天线)按一定规律排列组成的天线系统,也称天线阵。天线在通信、广播、电视、雷达和导航等无线电系统中被广泛应用,起到了传播无线电波的作用,是有效地辐射和接收无线电波必不可少的装置。

◆ 偶极子天线

偶极子天线用来发射和接收固定频率的信号。虽然在平时的测量中都使用宽带天线,但在场地衰减和天线系数的测量中都需要使用偶极子天线。图1-1为偶极子天线。

图1-1 偶极子天线

一天,戴柏(Diogenes Dipole)走过一个游乐场,发现狮子正在玩跷跷板,他发现这些狮子都能很快地保持平衡,于是突发奇想:如果天线也能保持平衡,效果会怎样呢?回到家后,戴柏马上拿了一条导线接上机器外壳,另一条导线则接到发射机输出,把两根导线对称摆开,这就成为一组新的天线。这种平衡天线非常好用!这就是大名鼎鼎的"双偶极"(Dipole)天线,为了纪念戴柏,以他的名字来命名。

由于家里空间不够大,无法架设双偶极天线,所以无线电爱好者崔伯(Von Trap)沿着天线,每隔几英尺就绕几个圈,把过长的部分缠绕起来,并且在缠绕的电感上并联电容,这就是"崔伯双偶极天线"(Trap Dipole),也称陷波式偶极天线。

承袭者温顿(Raoul Windom)发现跷跷板放上不同重量的物体,通过调整距离也可以达到平衡,天线应该也可以像这样,以人工方式调整,达到平衡(匹配)。于是温顿天线(偏馈天线)被发明了。第二次世界大战期间,温顿天线广泛应用在战机上,直到喷气机时代才光荣退休。

◆ 环形天线

环形天线(图1-2)是将一根金属导线绕成一定形状,如圆形、方形、三角形等,以导体两端作为输出端的结构。绕制多圈(如螺旋状或重叠绕制)的称为多圈环天线。根据环形天线的周长 L 相对与波长 λ 的大小,环形天线可分为电大环($L \geq \lambda$)、中等环($\lambda/4 \leq L \leq \lambda$)和电小环($L < \lambda/4$)三类。电小环天线是实际中应用最多的,如收音机中的天线、便携式电台接收天线、无线电导航定位天线、场

强计的探头天线等。电大环天线主要用作定向阵列天线的单元。

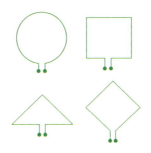

图 1-2　环形天线

◆ 同相水平天线

同相水平天线(图 1-3)是由同相馈电的水平对称振子组成的边射式平面天线阵,为了保证单向的辐射和接收,在阵面的一侧设置反射面。这种天线可用于短波干线通信或广播和米波警戒雷达等。

图 1-3　同相水平天线

◆ 八木天线

八木天线(图 1-4)是由一个有源振子(一般用折合振子)、一个无源反射器和若干个无源引向器平行排列而成的端射式天线。在 20 世纪 20 年代,由日本东北大学的八木秀次和宇田太郎两人发明了这种天线,被称为"八木—宇田天线",简称"八木天线"。八木天线的确好用,它有很好的方向性,较偶极天线有高的增益。用它来测向、远距离通信效果特别好。如果再配上仰角和方位旋转控制装置,更可以随心所欲与包括空间飞行器在内的各个方向上的电台联络,这种感受从直立天线上是得不到的。

◆ 菱形天线

菱形天线是一种宽频带天线。它是由一个水平的菱形悬挂在四根支柱上构成的,菱形的一只锐角接在馈线上,另一只锐角接一个与菱形天线特性阻抗相等的终端电阻(图 1-5)。

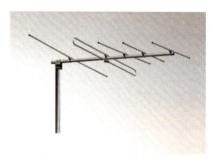

图 1-4　八木天线

图 1-5　菱形天线

◆ 鱼骨天线

　　鱼骨形天线(Fishbone Antenna)利用简化方法来计算鱼骨形天线的结构尺寸(图 1-6)。通过分析天线在垂直面和水平面内的受力情况,利用简单的力学方法计算出天线边吊索和振子尾线的长度,为天线结构设计和工程应用提供数据支撑。计算方法经过实际工程验证,适用于大多数柔索结构的分析计算。

图 1-6　鱼骨天线

　　在这一时期,天线的理论工作也得到了发展。H. C. 波克林顿在 1897 年建立了线天线的积分方程,证明了细线天线上的电流近似正弦分布。由于数学上的困难,他并未解出这一方程。后来 E. 海伦利用 δ 函数源来激励对称天线得到积分方程的解。同时,A. A. 皮斯托尔哥尔斯提出了计算线天线阻抗的感应电动势法和二重性原理。R. W. P. 金继海伦之后又对线天线做了大量理论研究和计算工作。将对称天线作为边值问题并用分离变量法来求解的有 S. A. 谢昆穆诺夫、H. 朱尔特、J. A. 斯特拉顿和朱兰成等。

2. 20 世纪 30 年代到 1945 年:面天线时期

【面天线】

面天线是指具有初级馈源并由反射面形成次级辐射场的天线。主要应用于微波和毫米波波段。前馈式抛物面天线、卡塞格伦式和格雷果里式双镜天线等均属面天线。

虽然早在 1888 年赫兹就首先使用了抛物柱面天线,但由于没有相应的振荡源,一直到 20 世纪 30 年代才随着微波电子管的出现陆续研制出各种面天线。这时已有类比于声学方法的喇叭天线、类比于光学方法的抛物反射面天线和透镜天线等。这些天线利用波的扩散、干涉、反射、折射和聚焦等原理获得窄波束和高增益。

第二次世界大战期间出现了雷达,大大促进了微波技术的发展。为了迅速捕捉目标,研制出了波束扫描天线,利用金属波导和介质波导研制出波导缝隙天线和介质棒天线以及由它们组成的天线阵。在面天线基本理论方面,建立了几何光学法、物理光学法和口径场法等理论。当时,由于战时的迫切需要,天线的理论还不够完善。天线的实验研究成了研制新型天线的重要手段,建立了测试条件和误差分析等概念,提出了现场测量和模型测量等方法(见天线参量测量)。在面天线有较大发展的同时,线天线理论和技术也有发展,如阵列天线的综合方法等。

◆ 喇叭天线

喇叭天线是(图 1-7)面天线的一种,波导管终端渐变张开的圆形或矩形截面的微波天线,是使用最广泛的一类微波天线。它的辐射场是由喇叭的口面尺寸与传播型所决定的。其中,喇叭壁对辐射的影响可以利用几何绕射的原理来进行计算。如果喇叭的长度保持不变,口面尺寸与二次方相位差会随着喇叭张角的增大而增大,但增益则不会随着口面尺寸变化。如果需要扩展喇叭的频带,则需要减小喇叭颈部与口面处的反射;反射会随着口面尺寸加大反而减小。喇叭天线的结构比较简单,方向图也比较简单而容易控制,一般作为中等方向性天线。频带宽、副瓣低和效率高的抛物反射面喇叭天线常用于微波中继通信。喇叭天线是一种应用广泛的微波天线,其优点是结构简单、频带宽、功率容量大、调整与使用方便。合理地选择喇叭尺寸,可以取得良好的辐射特性:相当尖锐的主瓣,较小的副瓣和较高的增益。喇叭天线在军事和民用上都非常广泛,是一种常见的测试用天线。

图1-7　喇叭天线

◆ 反射面天线

天线反射面是指面天线中用以将馈源发出的电磁波按一定要求向某一方向集中反射,以加强发射效果的导电曲面或平面,当用于接收时,可以增强接收信号强度,改善接收效果,简称反射面。

◆ 透镜天线

透镜天线是一种能够通过电磁波将点源或线源的球面波或柱面波转换为平面波从而获得笔形、扇形或其他形状波束的天线(图1-8)。通过合理设计透镜表面形状和折射率n,调节电磁波的相速以获得辐射口径上的平面波前。透镜可用天然介质($n>1$)制成,也可用由金属网或金属板等构成的人造介质($n>1$或$n<1$)制成。透镜天线由透镜和放在透镜焦点上的辐射器组成,有介质减速透镜天线和金属加速透镜天线两种。透镜天线具有下列优点:①旁瓣和后瓣小,因而方向图较好;②制造透镜的精度不高,因而制造比较方便。其缺点是效率低,结构复杂,价格昂贵。透镜天线用于微波中继通信中。

图1-8　透镜天线

◆ 缝隙天线

缝隙天线是在导体面上开缝形成的天线,也称为开槽天线。典型的缝隙形状是长条形的,长度约为半个波长。缝隙可用跨接在它窄边上的传输线馈电,也可由波导或谐振腔馈电。这时,缝隙上激励有射频电磁场,并向空间辐射电磁波。

◆ 介质天线

介质天线,是用介质作为辐射媒体的天线。介质天线是一根用低损耗高频介质材料(一般用聚苯乙烯)做成的圆棒,它的一端用同轴线或波导馈电。介质天线的优点是体积小,方向性尖锐;缺点是介质有损耗,因而效率不高。

3. 从第二次世界大战结束到20世纪50年代末期:阵列天线、宽带和多频带天线

微波中继通信、对流层散射通信、射电天文和电视广播等工程技术的天线设备有了很大发展,建立了大型反射面天线。这时出现了分析天线公差的统计理论,发展了天线阵列的综合理论等。1957年美国研制成第一部靶场精密跟踪雷达ANIFPS-16,随后各种单脉冲天线相继出现,同时频率扫描天线也付诸应用。在50年代,宽频带天线的研究有所突破,产生了非频变天线理论,出现了等角螺旋天线、对数周期天线等宽频带或超宽频带天线。

【阵列天线】

阵列天线是一类由不少于两个天线单元规则或随机排列并通过适当激励获得预定辐射特性的特殊天线。

所谓阵列天线不是简单地将天线排成我们所熟悉的阵列的样子,而是它的构成是阵列形式的。就发射天线来说,简单的辐射源如点源、对称振子源是常见的构成阵列天线的辐射源。它们按照直线或者更复杂的形式,根据天线馈电电流、间距、电长度等不同参数来构成阵列,以获取最好的辐射方向性。这就是阵列天线的魅力所在,它可以根据需要来调节辐射的方向性能。由此产生出了诸如现代移动通信中使用的智能天线等。

◆ 单脉冲天线

单脉冲天线指能同时提供多个波束,利用单个脉冲回波形成测向所需的"和"信号与"差"信号的天线,如图1-9所示。

图1-9　单脉冲天线

◆ 螺旋天线

螺旋天线(Helical Antenna)是一种具有螺旋形状的天线(图1-10)。它由导电性能良好的金属螺旋线组成,通常用同轴线馈电,同轴线的心线和螺旋线的一端相连接,同轴线的外导体则和接地的金属网(或板)相连接。螺旋天线的辐射方向与螺旋线圆周长有关。当螺旋线的圆周长比一个波长小很多时,辐射最强的方向垂直于螺旋轴;当螺旋线圆周长为一个波长的数量级时,最强辐射出现

在螺旋旋轴方向上。螺旋天线是可以收发空间中旋转的偏振电磁信号。这种天线通常用在卫星通信的地面站中。用非平衡馈线,如同轴电缆来连接天线,电缆中心连接在天线的螺旋部分,电缆的外皮连接在反射器上。

馈电点

图 1-10　螺旋天线

◆　对数周期天线

对数周期天线是定向板状天线的一种,常用于室内分布和电梯信号覆盖。它是一种宽频带天线,或者说是一种与频率无关的天线。这种天线有一个特点:凡在 f 频率上具有的特性,在由 $T^n f$ 给出的一切频率上将重复出现,其中 n 为整数。这些频率画在对数尺上都是等间隔的,而周期等于 T 的对数。对数周期天线之称即由此而来。对数周期天线只是周期地重复辐射图和阻抗特性。但是这样结构的天线,若 T 不是远小于 1,则它的特性在一个周期内的变化是十分小的,因而基本上是与频率无关的。对数周期天线种类很多,有对数周期偶极天线和单极天线、对数周期谐振 V 形天线、对数周期螺旋天线等形式,其中最普遍的是对数周期偶极天线。这些天线广泛地用于短波及短波以上的波段。

【带宽】

天线的频带宽带(简称带宽)是指天线的主要性能参数如输入阻抗、方向图、增益、极化特性、主瓣宽度、副瓣电平等,满足设计指标要求的频率范围。一般情况下,天线性能参数是随频率而变化的,因而天线带宽就取决于各项性能参数的频率特性。若同时对几项性能参数都有指标要求,则应以其中最严格的要求作为确定天线带宽的依据。

4. 20 世纪 50 年代以后

人造地球卫星和洲际导弹研制成功对天线提出了一系列新的课题,要求天线有高增益、高分辨率、圆极化、宽频带、快速扫描和精确跟踪等性能。从 20 世纪 60 年代到 70 年代初期,天线的发展空前迅速。一方面是大型地面站天线的修建和改进,包括卡塞格伦天线的出现,正副反射面的修正,波纹喇叭等高效率天线馈源和波束波导技术的应用等;另一方面,沉寂了将近 30 年的相控阵天线由于新型移相器和计算机的问世,以及多目标同时搜素与跟踪等要求的需要,重新受到重视并获得了广泛应用和发展。

◆ 卡塞格伦天线

卡塞格伦天线是另一种在微波通信中常用的天线,它是从抛物线演变而来的。卡塞格伦天线由三部分组成:主反射器、副反射器和馈源。其中主反射器为旋转抛物面,副反射器为旋转双曲面。在结构上,双曲面的一个焦点与抛物面的焦点重合,双曲面焦轴与抛物面的焦轴重合,而馈源位于双曲面的另一焦点上,如图1-11所示。它是由副反射器对馈源发出的电磁波进行的一次反射,将电磁波反射到主反射器上,然后再经主反射器反射后获得相应方向的平面波波束,以实现定向发射。

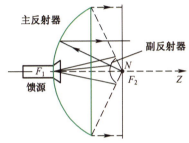

图1-11　卡塞格伦天线

◆ 相控阵天线

相控阵天线是通过控制阵列天线中辐射单元的馈电相位来改变方向图形状的天线。控制相位可以改变天线方向图最大值的指向,以达到波束扫描的目的,如图1-12所示。在特殊情况下,也可以控制副瓣电平、最小值位置和整个方向图的形状,例如获得余割平方形方向图和对方向图进行自适应控制等。用机械方法旋转天线时,惯性大、速度慢,相控阵天线克服了这一缺点,波束的扫描速度高。它的馈电相位一般用计算机控制,相位变化速度快(毫秒量级),即天线方向图最大值指向或其他参数的变化迅速。这是相控阵天线的最大特点。

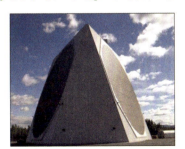

图1-12　相控阵天线

到20世纪70年代,无线电频道的拥挤和卫星通信的发展,反射面天线的频率复用、正交极化等问题和多波束天线开始受到重视;无线电技术向波长越来越短的毫米波、亚毫米波,以及光波方向发展,出现了介质波导、表面波和漏波天线等新型毫米波天线。此外,在阵列天线方面,由线阵发展到圆阵;由平面阵发展到共形阵;信号处理天线、自适应天线、合成孔径天线等技术也都进入了实用阶段。同时,由于电子对抗的需要,超低副瓣天线也有了很大的发展。由于高速大容量计算机研制成功,60 年代发展起来的矩量法和几何绕射理论在天线的理论计算和设计方面获得了应用。这两种方法解决了过去不能解决或难以解决的大量天线问题。随着电路技术向集成化方向发展,微带天线引起了广泛的关注和研究,并在飞行器上获得了应用。同时,由于遥感技术和空间通信的需要,天线在有耗媒质或等离子体中的辐射特性及瞬时特性等问题也开始受到人们的重视。

◆ 多波束天线

多波束天线(Multi Beam Antenna)是能产生多个锐波束的天线(图 1-13)。这些锐波束(又称元波束)可以合成一个或几个成形波束,以覆盖特定的空域。多波束天线有透镜式、反射面式和相控阵式等三种基本形式。此外还有以相控阵作为反射面或透镜馈源的混合形式。

图 1-13 多波束天线

多波束天线具有以下几个特点:①元波束窄而且增益高,若用多个发射机同时向各波束馈电,可获得较远的作用距离;②合成波束能覆盖特定形状的空域;③能以组合馈源方式实现低旁瓣。多波束天线不但用于雷达系统,而且从 20 世纪 60 年代中后期以来已在卫星通信和电子对抗等技术领域获得应用,成为改进卫星通信系统性能的一项关键性技术,也是现代电子对抗中分选大量目标的一种重要手段。

◆ 微带天线

微带天线(Microstrip Antenna)在一个薄介质基片上,一面附上金属薄层作为接地板,另一面用光刻腐蚀方法制成一定形状的金属贴片,利用微带线或同轴探针对贴片馈电构成的天线(图 1-14)。微带天线分两种:①贴片形状是一细长带条,为微带振子天线;②贴片是一个面积单元时,则为微带天线。如果把接地板刻出缝隙,而在介质基片的另一面印制出微带线时,缝隙馈电,则构成微带缝隙天线。同时,微带天线也是研究最为广泛的一种小型化天线。

图 1-14 微带天线

这一时期在天线结构和工艺上也取得了很大的进展,制成了直径为 100m、可全向转动的高精度保形射电望远镜天线,还研制成单元数接近 2 万的大型相控阵和高度超过 500m 的天线塔。

在天线测量技术方面,这一时期出现了微波暗室和近场测量技术、利用天体射电源测量天线的技术,并创立了用计算机控制的自动化测量系统等。这些技术的运用解决了大天线的测量问题,提高了天线测量的精度和速度。

在无线通信中,全向天线发挥着重要的作用。水平全向天线指的是一种在水平面内 360° 均匀辐射的天线,它广泛应用于点对多点通信、广播、数据传输、组建无线扩频网等领域。随着电子技术的迅猛发展,通信和广播系统在功能、容量、质量和服务业务上不断地升级,所以它们对水平全向天线提出了越来越高的性能指标要求,同时,天线系统通常工作在复杂的移动传播环境下,电波在空中传播时将受到多方面的衰落,信道也受到地形、温度、湿度等环境因素的影响。因此,现在采取了高增益全向天线、分集天线技术手段和方法来改善通信质量。在个人通信中,全向天线已经广泛应用于基地台、车载台、终端等场合的通信中。在军事上,雷达信标、敌我识别等领域中,水平全向天线也有广泛应用。与机械扫描天线和相控阵天线相比,全向天线有其突出的优点:结构相对简单、制造成本低。同时高增益和全向性对天线来说是一个矛盾的要求,所以研究高增益的全向天线,有着重要的现实意义。

◆ 全向天线

全向天线(图 1-15),即在水平方向图上表现为 360° 都均匀辐射,也就是平常所说的无方向性,在垂直方向图上表现为有一定宽度的波束,一般情况下波瓣宽度越小,增益越大。

全向天线在移动通信系统中一般应用于郊县大区制的站型,覆盖范围大。

全向天线发展至今,目前从结构和形式上产生了多样化的成果,从最初的单极子天线、偶极子天线、双锥天线、螺旋天线到对数周期天线、微带天线、智能天线等,对一些自身很难达到全向辐射的单元天线,可将其组成阵列,就能形成全向辐射的方向图。

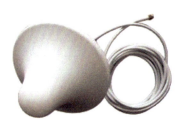

图 1-15　全向天线

全向天线中常见的多是垂直极化天线,水平极化的不多。然而水平极化全向天线却有着独特的应用,如在电视广播领域中,电视的发射信号大部分是采用水平极化。在城市或者室内无线环境中,虽然基站发射的都是特定的极化信号,如常见的垂直极化信号,但是很难直接传播到移动终端,一般要经过多径传播,才能到达移动终端。在传播的过程中,极化要发生旋转,可能既有水平极化信号,又有垂直极化信号。可以考虑在移动终端安装一个水平极化天线和一个垂直极化天线,从而获得较好的接收信号。或者在发射端和接收端分别安装两个天线,一个水平极化天线和一个垂直极化天线,以得到两个不相关的信号,这就是极化分集,它正是利用了空中水平路径和垂直路径的不相关性来实现抗快衰落的。据研究,发射端和接收端都采用水平极化天线的系统比发射端和接收端都采用垂直极化天线的系统可以多获得平均 10dB 的功率。因此研究水平极化全向天线有着重要的现实意义。

参考文献

[1] 龚中麟. 近代电磁理论[M]. 北京:北京大学出版社,2010.

[2] 赫兹与赫兹实验[OL]. (2016-01-25)[2017-01-06]. https://wenku.baidu.com.

[3] 吕文俊,何华斌. 简明天线理论与设计应用[M]. 北京:人民邮电出版社,2014.

[4] John D. Kraus,Ronald J. Marhefka. 天线[M]. 章文勋,译. 北京:电子工业出版社,2011.

第2章

天线基础

天线是无线电设备的重要组成部分。采用高质量、强方向性的天线,可以大大节省发射机的功率或降低对接收设备的要求,提高抗干扰性。利用天线的某些方向图特性才有可能完成如测向、导航、雷达定位和定向通信等任务。

2.1 基本原理

天线是辐射或接收电磁波的装置。辐射是如何实现的呢?换句话说,电磁场是怎样脱离天线形成自由空间波的呢?

电压源经传输线与天线相接,沿传输线传输的是导行电磁波,其电磁场与传输线上的电荷和电流相联系。例如双线传输线,由于结构对称,在同一横截面上电荷极性相反,电流方向相反。又由于线间距离远小于波长,两导线在空间的辐射场几乎幅度相等方向相反,因而相互抵消。双线传输线不产生明显辐射,电磁场被束缚在两导线之间。双线传输线周围电磁力线的分布如图 2-1 所示,电磁波进入天线,与天线上的电荷和电流相联系。电磁场怎样脱离天线形成空间波呢?以短天线为例说明。

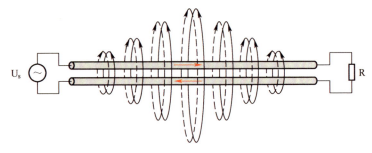

图 2-1 双线传输线周围电磁力线的分布

如天线的三维尺寸中的一维比另两维大得多,但又比波长小得多,成为短天线。电荷由发生器到达短天线终端的时间比周期 T 小得多,短天线基本上是一个电容器。

在 $t=0$ 时刻,将天线与时谐发生器相接。在第一个 $T/4$ 内,天线上的电荷达到最大值。电荷的积累在天线周围空间产生位移电流密度 $j\omega\varepsilon E$,位移电流密度又产生由源向外传播的电磁波。在第一个 $T/4$ 内,将有 N 条电力线由上臂的正电荷出发终止于下臂的负电荷。这些电力线穿过赤道面上半径为 $\lambda/4$ 的圆面,如图 2-2(a)所示。$t=T/4$ 时刻开始放电,可以设想这种放电相当于反号电荷的充电,结果将原有电荷中和。在第二个 $T/4$ 内,将有 N 条反向电力线分布在 $\lambda/4$ 的圆内。在同一时间内,原有的 N 条电力线已伸展到 $\lambda/4 \sim \lambda/2$ 范围内,如图 2-2(b)所示。$t=T/2$ 时刻,天线上的电荷等于零,在 $\lambda/4$ 距离内的 N 条反向电力线脱离天线,并与 $\lambda/4 \sim \lambda/2$ 距离内的 N 条电力线接合成脱离源的闭合电力线,如图 2-2(c)。在第二个半周期内,进行着相同的过程,但方向相反。这个过程继续下去,新的波不断产生,其传播滞后于前面的波。

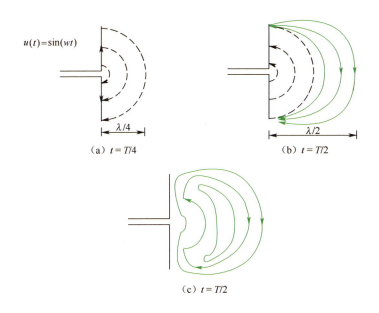

图 2-2 短天线电力线的形成与脱离

辐射系统必须具有适合的形状、结构和馈电方式,使得电磁场和自由空间充分接触。天线各部分的辐射不能相互抵消,并且必须具有足够大的电尺寸(相对于波长),利用波的干涉原理,使得某一或某些方向的辐射加强,其他方向的辐射抵消或减弱,才能有效地辐射。

2.2 发射天线的性能参数

发射天线的主要作用:一是将导行波转换为自由空间波;二是定向辐射。发射天线的参数就是根据这两种作用规定的。

2.2.1 方向函数

由电基本振子的分析可知,天线辐射出去的电磁波虽然是一个球面波,但却不是均匀球面波,因此,任何一个天线的辐射场都具有方向性。

所谓方向性,就是在相同距离的条件下天线辐射场的相对值与空间方向(子午角 θ、方位角 φ)的关系,如图 2-3 所示。

若天线辐射的电场强度为 $E(r,\theta,\varphi)$,则把电场强度(绝对值)可写成

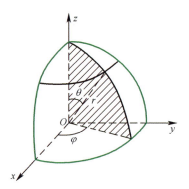

图 2-3 空间方位角

$$|E(r,\theta,\varphi)| = \frac{60I}{r}f(\theta,\varphi) \qquad (2-1)$$

式中：I 为归算电流，对于驻波天线，通常取波腹电流 I_m 作为归算电流；$f(\theta,\varphi)$ 为场强方向函数。因此，方向函数可定义为

$$f(\theta,\varphi) = \frac{|E(r,\theta,\varphi)|}{60I/r} \qquad (2-2)$$

将电基本振子的辐射场表达式代入式（2-2），可得电基本振子的方向函数为

$$f(\theta,\varphi) = f(\theta) = \frac{\pi l}{\lambda}|\sin\theta| \qquad (2-3)$$

为了便于比较不同天线的方向性，常采用归一化方向函数，用 $F(\theta,\varphi)$ 表示，即

$$F(\theta,\varphi) = \frac{f(\theta,\varphi)}{f_{max}(\theta,\varphi)} = \frac{|E(\theta,\varphi)|}{|E_{max}|} \qquad (2-4)$$

式中：$f_{max}(\theta,\varphi)$ 为方向函数的最大值；E_{max} 为最大辐射方向上的电场强度；$E(\theta,\varphi)$ 为同一距离 (θ,φ) 方向上的电场强度。

归一化方向函数 $F(\theta,\varphi)$ 的最大值为 1。因此，电基本振子的归一化方向函数可写为

$$F(\theta,\varphi) = |\sin\theta| \qquad (2-5)$$

为了分析和对比方便，今后我们定义理想点源是无方向性天线，它在各个方向相同距离处产生的辐射场的大小是相等的，因此，它的归一化方向函数为

$$F(\theta,\varphi) = 1 \qquad (2-6)$$

2.2.2 方向图

将方向函数用曲线描绘出来，称为方向图（Field Pattern）。方向图就是与

天线等距离处,天线辐射场大小在空间中的相对分布随方向变化的图形。依据归一化方向函数而绘出的为归一化方向图。

变化 θ 及 φ 得出的方向图是立体方向图。对于电基本振子,由于归一化方向函数 $F(\theta,\varphi)=|\sin\theta|$,因此其立体方向图如图 2-4 所示。

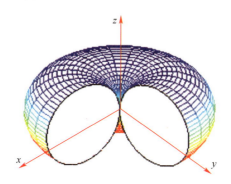

图 2-4   基本振子立体方向图

在实际中,工程上常常采用两个特定正交平面方向图。在自由空间中,两个最重要的平面方向图是 E 面和 H 面方向图。E 面即电场强度矢量所在并包含最大辐射方向的平面;H 面即磁场强度矢量所在并包含最大辐射方向的平面。

方向图可用极坐标绘制场强大小。角度表示方向,矢径表示场强大小。这种图形直观性强,但零点或最小值不易分清。方向图也可用直角坐标绘制,横坐标表示方向角,纵坐标表示辐射幅值。由于横坐标可按任意标尺扩展,故图形清晰。如图 2-5 所示,对于球坐标系中的沿 z 轴放置的基本振子而言,E 面即为包含 z 轴的任一平面,例如 yOz 面,此面的方向函数 $F_E(\theta,\varphi)=|\sin\theta|$。而 H 面即为 xOy 面,此面的方向函数 $F_H(\varphi)=1$,如图 2-6 所示,H 面的归一化方向图为一单位圆。E 面和 H 面方向图就是立体方向图沿 E 面和 H 面两个主平面的剖面图。

但是要注意的是,尽管球坐标系中的磁基本振子方向性和电基本振子一样,但 E 面和 H 面的位置恰好互换。

有时还需要讨论辐射的功率密度(坡印廷矢量模值)与方向之间的关系,因此引进功率方向图(Power Pattern) $\Phi(\theta,\varphi)$。容易得出,它与场强方向图之间的关系为

$$\Phi(\theta,\varphi)=F^2(\theta,\varphi) \qquad (2-7)$$

电基本振子 E 平面功率方向图也如图 2-5 所示。

2.2.3　方向图参数

实际天线的方向图要比电基本振子的复杂,通常有多个波瓣,它可细分为主瓣、副瓣和后瓣,如图 2-7 所示。

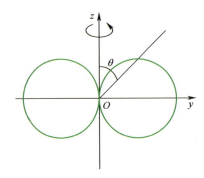

图 2-5 电基本振子 E 平面方向图

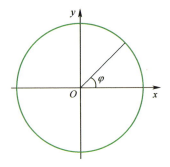

图 2-6 电基本振子 H 平面方向图

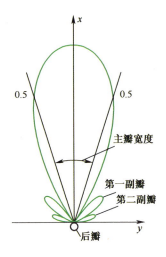

图 2-7 天线方向图的一般形状

用来描述方向图的参数通常有：

（1）零功率点波瓣宽度（Beam Width between First Nulls，BWFN）$2\theta_{0E}$ 或 $2\theta_{0H}$（下标 E、H 表示 E、H 面，下同）：指主瓣最大值两边两个零辐射方向之间的夹角。

（2）半功率点波瓣宽度（Half Power Beam Width，HPBW）$2\theta_{0.5E}$ 或 $2\theta_{0.5H}$：指主瓣最大值两边场强等于最大值的 0.707 倍（或等于最大功率密度的一半）的两辐射方向之间的夹角，又称 3 分贝波束宽度。如果天线的方向图只有一个强的主瓣，其他副瓣均较弱，则他的定向辐射性能的强弱就可以从两个主平面内的半功率点波瓣宽度来判断。

（3）副瓣电平（Side Lobe Liver，SLL）：指副瓣最大值与主瓣最大值之比，一般以分贝表示，即

$$SLL = 10\lg\frac{S_{av,\max2}}{S_{av,\max}} = 20\lg\frac{E_{\max2}}{E_{\max}} \quad (\text{dB}) \tag{2-8}$$

式中：$S_{av,\max2}$ 和 $S_{av,\max}$ 分别为最大副瓣和主瓣的功率密度最大值；$E_{\max2}$ 和 $E_{\max}$ 分别为最大副瓣和主瓣的场强最大值。副瓣一般指向不需要辐射的区域，因此要求天线的副瓣电平应尽可能地低。

（4）前后比：指主瓣最大值与后瓣最大值之比，通常也用分贝表示。

2.2.4 方向系数

上述方向图参数虽能从一定程度上描述方向图的状态，但它们一般仅能反映方向图中特定方向的辐射强弱程度，未能反映辐射在全空间的分布状态，因而不能单独体现天线的定向辐射能力。为了更精确地比较不同天线之间的方向性，需要引入一个能定量地表示天线定向辐射能力的电参数，这就是方向系数（Directivity）。

方向系数的定义是：在同一距离及相同辐射功率的条件下，某天线在最大辐射方向上的辐射功率密度 $S_{\max}$（或场强 $|E_{\max}|$ 的平方）和无方向性天线（点源）的辐射功率密度 S_0（或场强 $|E_0|$ 的平方）之比，记为 D。表示如下：

$$D = \left.\frac{S_{\max}}{S_0}\right|_{P_r = P_{r0}} = \left.\frac{|E_{\max}|^2}{|E_0|^2}\right|_{P_r = P_{r0}} \tag{2-9}$$

式中：P_r、P_{r0} 分别为实际天线和无方向性天线的辐射功率。无方向性天线本身的方向系数为 1。

因为无方向性天线在 r 处产生的辐射功率密度为

$$S_0 = \frac{P_{r0}}{4\pi r^2} = \frac{|E_0|^2}{240\pi} \tag{2-10}$$

所以，由方向系数的定义得

$$D = \frac{r^2|E_{\max}|^2}{60P_r} \tag{2-11}$$

因此，在最大辐射方向上

$$E_{\max} = \frac{\sqrt{60P_r D}}{r} \tag{2-12}$$

上式表明，天线的辐射场与 $P_r D$ 的平方根成正比，所以对于不同的天线，若它们的辐射功率相等，则在同是最大辐射方向且同一 r 处的观察点，辐射场之比为

$$\frac{E_{\max1}}{E_{\max2}} = \frac{\sqrt{D_1}}{\sqrt{D_2}} \tag{2-13}$$

若要求它们在同一 r 处观察点的辐射场相等,则要求

$$\frac{P_{r1}}{P_{r2}} = \frac{D_2}{D_1} \qquad (2\text{-}14)$$

即所需要的辐射功率与方向系数成反比。

天线的辐射功率可由坡印廷矢量积分法来计算,此时可在天线的远区以 r 为半径做出包围天线的积分球面:

$$P_r = \iint_S S_{av}(\theta,\varphi) \cdot \mathrm{d}s = \int_0^{2\pi} \int_0^{\pi} S_{av}(\theta,\varphi) r^2 \sin\theta \mathrm{d}\theta \mathrm{d}\varphi \qquad (2\text{-}15)$$

由于

$$S_0 = \frac{P_{r0}}{4\pi r^2}\bigg|_{P_{r0}=P_r} = \frac{P_r}{4\pi r^2} = \frac{1}{4\pi} \int_0^{2\pi} \int_0^{\pi} S_{av}(\theta,\varphi) \sin\theta \mathrm{d}\theta \mathrm{d}\varphi \qquad (2\text{-}16)$$

所以,由式(2-9)可得

$$D = \frac{S_{av,max}}{\dfrac{1}{4\pi} \int_0^{2\pi} \int_0^{\pi} S_{av}(\theta,\varphi) \sin\theta \mathrm{d}\theta \mathrm{d}\varphi} = \frac{4\pi}{\displaystyle\int_0^{2\pi} \int_0^{\pi} \dfrac{S_{av}(\theta,\varphi)}{S_{av,max}} \sin\theta \mathrm{d}\theta \mathrm{d}\varphi} \qquad (2\text{-}17)$$

由天线的归一化方向函数(见式(2-4))可知:$\dfrac{S_{av}(\theta,\varphi)}{S_{av,max}} = \dfrac{E^2(\theta,\varphi)}{E_{max}^2} = F^2(\theta,\varphi)$,因此方向系数的最终计算公式为

$$D = \frac{4\pi}{\displaystyle\int_0^{2\pi} \int_0^{\pi} F^2(\theta,\varphi) \sin\theta \mathrm{d}\theta \mathrm{d}\varphi} \qquad (2\text{-}18)$$

显然,方向系数与辐射功率在全空间的分布状态有关。要使天线的方向系数大,不仅要求主瓣窄,而且要求全空间的副瓣电平小。

2.2.5 天线效率

一般来说,载有高频电流的天线导体及其绝缘介质都会产生损耗,因此输入天线的实功率并不能全部地转换成电磁波能量。可以用天线效率(Efficiency)来表示这种能量转换的有效程度。天线效率定义为天线辐射功率 P_r 与输入功率 P_{in} 之比,记为 η_A,即

$$\eta_A = \frac{P_r}{P_{in}} \qquad (2\text{-}19)$$

辐射功率与辐射电阻之间的关系可表示为 $P_r = \dfrac{1}{2} I^2 R_r$,依据电场强度与方向函数的关系式(2-1),则辐射电阻的一般表达式为

$$R_r = \frac{30}{\pi} \int_0^{2\pi} \int_0^{\pi} f^2(\theta,\varphi) \sin\theta \mathrm{d}\theta \mathrm{d}\varphi \qquad (2\text{-}20)$$

与方向系数的计算式(2-18)对比后,可得方向系数与辐射电阻之间的关系为

$$D = \frac{120 f_{max}^2}{R_r} \tag{2-21}$$

类似于辐射功率和辐射电阻之间的关系,也可将损耗功率 P_l 与损耗电阻 R_l 联系起来,即

$$P_l = \frac{1}{2} I^2 R_l \tag{2-22}$$

R_l 是归算于电流 I 的损耗电阻,这样

$$\eta_A = \frac{P_r}{P_r + P_l} = \frac{R_r}{R_r + R_l} \tag{2-23}$$

式中: R_r 、 R_l 归算于同一电流。

一般来讲,损耗电阻的计算是比较困难的,但可由试验确定。从式(2-23)可以看出,若要提高天线效率,必须尽可能地减小损耗电阻和提高辐射电阻。

通常,超短波和微波天线的效率都很高,接近于1。

值得提出的是,这里定义的天线效率并未包含天线与传输线失配引起的反射损失,考虑到天线输入端的电压反射系数为 Γ ,则天线的总效率为

$$\eta_\Sigma = (1 - |\Gamma|^2) \eta_A \tag{2-24}$$

2.2.6　增益系数

方向系数只是衡量天线定向辐射特性的参数,它只取决于方向图;天线效率则表示了天线在能量上的转换效能;而增益系数(Gain)则表示了天线的定向收益程度。

增益系数的定义是:在同一距离及相同输入功率的条件下,某天线在最大辐射方向上的辐射功率密度 S_{max} (或场强 $|E_{max}|$ 的平方)和理想无方向性天线(理想点源)的辐射功率密度 S_0 (或场强 $|E_0|$ 的平方)之比,记为 G。用公式表示如下:

$$G = \frac{S_{max}}{S_0}\bigg|_{P_{in} = P_{in0}} = \frac{|E_{max}|^2}{|E_0|^2}\bigg|_{P_{in} = P_{in0}} \tag{2-25}$$

式中: P_{in} 、 P_{in0} 分别为实际天线和理想无方向性天线的输入功率。理想无方向性天线本身的增益系数为1。

考虑到效率的定义,在有耗情况下,功率密度为无耗时的 η_A 倍,式(2-25)可改写为

$$G = \frac{S_{\max}}{S_0}\bigg|_{P_{in}=P_{in0}} = \frac{\eta_A S_{\max}}{S_0}\bigg|_{P_r=P_{r0}} \tag{2-26}$$

$$G = \eta_A D \tag{2-27}$$

由此可见,增益系数是综合衡量天线能量转换效率和方向特性的参数,它是方向系数与天线效率的乘积。在实际中,天线的最大增益系数是比方向系数更为重要的电参量。

根据式(2-27),可将式(2-12)改写为

$$E_{\max} = \frac{\sqrt{60P_r D}}{r} = \frac{\sqrt{60P_{in} G}}{r} \tag{2-28}$$

增益系数也可以用分贝表示为 $10\lg G$。因为一个增益系数 10、输入功率为 1W 的天线和一个增益系数为 2、输入功率为 5W 的天线在最大辐射方向上具有同样的效果,所以又将 $P_r D$ 或 $P_{in} D$ 定义为天线的有效辐射功率。使用高增益天线可以在维持输入功率不变的条件下,增大有效辐射功率。由于发射机的输出功率是有限的,因此在通信系统的设计中,对提高天线的增益常常抱有很大的期望。频率越高的天线越容易得到高增益。

2.2.7 天线的极化

天线的极化(Polarizativn)是指该天线在给定方向上远区辐射电场的空间取向。一般而言,特指该天线在最大辐射方向上的电场的空间取向。实际上,天线的极化随着偏离最大辐射方向而改变,天线不同辐射方向可以有不同的极化。

所谓辐射场的极化,即在空间某一固定位置上电场矢量端点随时间运动的轨迹,按其轨迹的形状可分为线极化、圆极化和椭圆极化,其中圆极化还可以根据其旋转方向分为右旋圆极化和左旋圆极化。就圆极化而言,一般规定:若手的拇指朝向波的传播方向,四指弯向电场矢量的旋转方向,这时若电场矢量端点的旋转方向与传播方向符合右手螺旋,则为右旋圆极化;若符合左手螺旋,则为左旋圆极化。图 2-8 显示了某一时刻,以 +z 轴为传播方向的 x 方向线极化的场强矢量线在空间的分布图。图 2-9 和图 2-10 显示了某一时刻,以 +z 轴为传播方

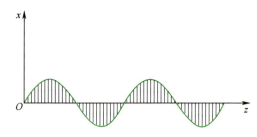

图 2-8　某一时刻 x 方向线极化的场强矢量线在空间的分布图(以 z 轴为传播方向)

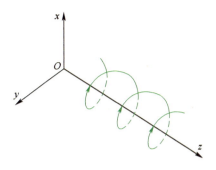

图 2-9 某一时刻右旋圆极化的场强矢量线在空间的分布图(以 z 轴为传播方向)

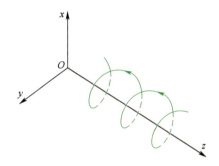

图 2-10 某一时刻左旋圆极化的场强矢量线在空间的分布图(以 z 轴为传播方向)

向的右、左旋圆极化的场强矢量线在空间的分布图。注意,固定时间的场强矢量线在空间的分布旋向与固定位置的场强矢量线随时间的旋向相反。椭圆极化的旋向定义与圆极化类似。

　　天线不能接收与其正交的极化分量。例如,线极化天线不能接收来波中与其极化方向垂直的线极化波;圆极化天线不能接收来波中与其旋向相反的圆极化分量,对椭圆极化来波,其中与接收天线的极化旋向相反的圆极化分量不能被接收。极化失配意味着功率损失。为衡量这种损失,特定义极化失配因子 ν_p(Polarization-mismatch Factor),其值在 0~1 之间。

2.2.8　输入阻抗与辐射阻抗

　　天线通过传输线与发射机相连,天线作为传输线的负载,与传输线之间存在阻抗匹配问题。天线与传输线的连接处称为天线的输入端,天线输入端呈现的阻抗值定义为天线的输入阻抗(Input Resistance),即天线的输入阻抗 Z_{in} 为天线的输入端电压与电流之比:

$$Z_{in} = \frac{U_{in}}{I_{in}} = R_{in} + jX_{in} \tag{2-29}$$

式中：R_{in} 和 X_{in} 分别为输入电阻和输入阻抗，它们分别对应有功功率和无功功率。有功功率以损耗和辐射两种方式耗散掉，而无功功率则贮存在近区中。

天线的输入阻抗取决于天线的结构、工作频率以及周围环境的影响。输入阻抗的计算是比较困难的，因为它需要准确地知道天线上的激励电流。除了少数天线外，大多数天线的输入阻抗在工程中采用近似计算或实验测定。

事实上，在计算天线的辐射功率时，如果将计算辐射功率的封闭曲面设置在天线的近区内，用天线的近区场进行计算，则所求出的辐射功率 P_r 同样将含有有功功率及无功功率。如果引入归算电流（输入电流 I_{in} 或波腹电流 I_m），则辐射功率与归算电流之间的关系为

$$P_r = \frac{1}{2} \mid I_{in} \mid^2 Z_{r0} = \frac{1}{2} \mid I_{in} \mid^2 (R_{r0} + jX_{r0})$$

$$= \frac{1}{2} \mid I_m \mid^2 Z_{rm} = \frac{1}{2} \mid I_m \mid^2 (R_{rm} + jX_{rm}) \tag{2-30}$$

式中：Z_{r0}、Z_{rm} 分别为归于输入电流和波腹电流的辐射阻抗（Radiation Resistance）；R_{r0}、R_{rm}、X_{r0}、X_{rm} 为相应的辐射电阻和辐射电抗。因此，辐射阻抗是一个假想的等效阻抗，其数值与归算电流有关。归算电流不同，辐射阻抗的数值也不同。

Z_{r0} 与 Z_{rm} 之间有一定的关系，因为输入实功率为辐射实功率和损耗功率之和，所以当有的功率均用输入端电流为归算电流时，$R_{in} = R_{r0} + R_{l0}$，其中 R_{r0} 为归算于输入端电流的损耗电阻。

2.2.9 频带宽度

天线的所有电参数都和工作频率有关。任何天线的工作频率都有一定的范围，当工作频率偏离中心工作频率 f_0 时，天线的电参数将变差，其变差的容许程度取决于天线设备系统的工作特性要求。当工作频率变化时，天线的有关电参数变化的程度在所允许的范围内，此时对应的频率范围称为频带宽度（Band Width）。根据天线设备系统的工作场合不同，影响天线频带宽度的主要电参数也不同。

根据频带宽度的不同，可以把天线分为窄频带天线、宽频带天线和超宽频带天线。若天线的最高工作频率为 f_{max}，最低工作频率为 f_{min}，对于窄频带天线，常用相对带宽，即 $[(f_{max} - f_{min})/f_0] \times 100\%$ 来表示其频带宽度。而对于超宽频带天线，常用绝对带宽，即 f_{max}/f_{min} 来表示其频带宽度。

通常，相对带宽只有百分之几的为窄频带天线，如引向天线；相对带宽达百分之几十的为宽频带天线，如螺旋天线；绝对带宽可达到几个倍频程的称为超宽频带天线，如对数周期天线。

2.3　互易定理与接收天线参数

2.3.1　互易定理

接收天线工作的物理过程是,天线导体在空间电场的作用下产生感应电动势,并在导体表面激励起感应电流,在天线的输入端产生电压,在接收机回路中产生电流。所以接收天线是一个把空间电磁波能量转换成高频电流能量的转换装置,其工作过程就是发射天线的逆过程。

如图 2-11 所示,接收天线总是位于发射天线的远区辐射场中,因此可以认为到达接收天线处的无线电波是均匀平面波。设来波方向与天线轴 z 之间的夹角为 θ ,电波射线与天线轴构成入射平面,入射电场可分为两个分量:一个是与入射面相垂直的分量 E_v ;另一个是与入射面相平行的分量 E_h 。只有同天线轴相平行的电场分量 $E_z = -E_h\sin\theta$ 才能在天线导体 dz 段上产生感应电动势 $\mathrm{d}\widetilde{E}(z) = -E_z\mathrm{d}z = E_h\sin\theta\mathrm{d}z$,进而在天线上激起感应电流 $I(z)$ 。如果将 dz 段看成是一个处于接收状态的电基本振子,则可以看出无论电基本振子是用于发射还是接收,其方向性都是一样的。

天线无论用作发射还是用作接收,应该满足的边界条件都是一样的。这就意味着任意类型的天线用作接收天线时,它的极化、方向性、有效长度和阻抗特性等均与它用作发射天线时的相同。这种同一天线收发参数相同的性质称为天线的收发互易性,它可以用电磁场理论中的互易定理予以证明。

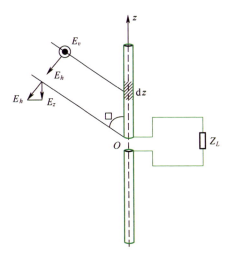

图 2-11　接收天线原理

尽管天线电参数收发互易,但是发射天线的电参数以辐射场的大小为衡量目标,而接收天线却以来波对接收天线的作用,即总感应电动势 $\widetilde{E} = \int \mathrm{d}\widetilde{E}(z)$ 的大小为衡量目标。

接收天线的等效电路如图 2-12 所示。图中 Z_{in} 为接收天线的输入阻抗, Z_L 为负载阻抗。在接收天线的等效电路中, Z_{in} 就是感应电动势 $\widetilde{E}$ 的内阻。

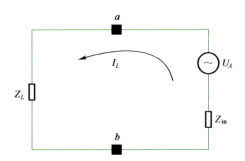

图 2-12　接收天线的等效电路

2.3.2　有效接收面积

有效接收面积(Effective Aperture)是衡量接收天线接收无线电波能力的重要指标。接收天线的有效接收面积的定义为:当天线以最大接收方向对准来波方向进行接收,并且天线的极化与来波极化相匹配时,接收天线送到匹配负载的平均功率 $P_{L\max}$ 与来波的功率密度 S_{av} 之比,记为 A_e ,即

$$A_e = \frac{P_{L\max}}{S_{av}} \qquad (2-31)$$

由于 $P_{L\max} = A_e S_{av}$,因此接收天线在最佳状态下所接收到的功率可以看成是被面积为 A_e 的天线口面所截获的垂直入射波功率密度的总和。

在极化匹配条件下,如果来波的场强振幅为 E_i ,则

$$S_{av} = \frac{|E_i|^2}{2\eta} \qquad (2-32)$$

在图 2-12 所示的接收天线的等效电路中,当 Z_{in} 与 Z_L 共轭匹配时,接收机处于最佳工作状态,此时传送到匹配负载的平均功率为

$$P_{L\max} = \frac{\widetilde{E}^2}{8R_{\mathrm{in}}} \qquad (2-33)$$

当天线以最大接收方向对准来波时,此时接收天线上的总感应电动势为

$$\widetilde{E} = E_i l_e \qquad (2-34)$$

式中: l_e 为天线的有效长度。

将式(2-32)~式(2-34)代入式(2-31),并引入天线效率 η_A ,则有

$$A_e = \frac{30\pi l_e^2}{R_{in}} = \eta_A \times \frac{30\pi l_e^2}{R_r} \tag{2-35}$$

将式(2-27)和式(2-45)代入式(2-35),则接收天线的有效面积为

$$A_e = \frac{\lambda^2}{4\pi}G \tag{2-36}$$

2.3.3 等效噪声温度

天线除了能够接收无线电波之外,还能够接收来自空间各种物体的噪声信号。外部噪声通过天线进入接收机,因此,又称天线噪声。外部噪声包含有各种成分,例如地面上有其他电台信号以及各种电气设备工作时的工业辐射,它们主要分布在长、中、短波波段;空间中有大气雷电放电以及来自宇宙空间的各种辐射,它们主要分布在微波及稍低于微波的波段。天线接收的噪声功率的大小可以用天线的等效噪声温度 T_A 来表示。

类似于电路中噪声电阻把噪声功率输送给与其相连接的电阻网络,若将接收天线视为一个温度为 T_A 的电阻,则它输送给匹配的接收机的最大噪声功率 $P_n(W)$ 与天线的等效噪声温度 $T_A(K)$ 的关系为

$$T_A = \frac{P_n}{K_b \Delta f} \tag{2-37}$$

式中:K_b 为玻尔兹曼常数, $K_b = 1.38 \times 10^{-23}(J/K)$; Δf 为频率带宽(Hz)。T_A 为接收天线向共轭匹配负载输送噪声功率大小的参数,它并不是天线本身的物理温度。

当接收天线距发射天线非常远时,接收机所接收的信号电平已非常微弱,这时天线输送给接收机的信号功率 P_s 与噪声功率 P_n 的比值更能实际反映出接收天线的质量。由于在最佳接收状态下,接收到的 $P_s = A_e S_{av} = \frac{\lambda^2 G}{4\pi}S_{av}$,因此接收天线输出端的信噪比为

$$\frac{P_s}{P_n} = \frac{\lambda^2}{4\pi}\frac{S_{av}}{K_b \Delta f}\frac{G}{T_A} \sim \frac{G}{T_A} \tag{2-38}$$

也就是说,接收天线输出端的信噪比正比于 G/T_A ,增大增益系数或减小等效噪声温度均可以提高信噪比,进而提高检测微弱信号的能力,改善接收质量。

噪声源分布在接收天线周围的全空间,它是考虑了以接收天线的方向函数为加权的噪声分布之和,写为

$$T_A = \frac{\int_0^{2\pi}\int_0^{\pi}T(\theta,\varphi)\,|F(\theta,\varphi)|^2\sin\theta d\theta d\varphi}{\int_0^{2\pi}\int_0^{\pi}|F(\theta,\varphi)|^2\sin\theta d\theta d\varphi} \tag{2-39}$$

式中：$T(\theta,\varphi)$ 为噪声源的空间分布函数；$F(\theta,\varphi)$ 为天线的归一化方向函数。为了减小天线的噪声温度，天线的最大接收方向应避开强噪声源，并应尽量降低副瓣和后瓣电平。

以上内容并未涉及到天线和接收机之间的传输线的损耗，如果考虑传输线的实际温度和损耗以及接收机本身所具有的噪声温度，则计算整个接收系统的噪声如图 2-13 所示。

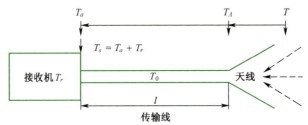

图 2-13   接收系统的噪声温度计算示意图

T —空间噪声源的噪声温度；T_A —天线输出端的噪声温度；T_0 —均匀传输线的噪声温度；

T_a —接收机输入端的噪声温度；T_r —接收机本身的噪声温度；

T_s —考虑到接收机影响后的接收机输入端的噪声温度。

如果传输线的衰减常数为 $\alpha(\mathrm{NP/m})$ ，则传输线的衰减也会降低噪声功率，因而

$$T_a = T_A \mathrm{e}^{-2\alpha l} + T_0(1 - \mathrm{e}^{-2\alpha l}) \tag{2-40}$$

整个接收系统的有效噪声温度为 $T_s = T_a + T_r$ 。T_s 的值可在几开（K）到几千开（K）之间，但其典型值约为 10K。

2.4　特殊性能指标

2.4.1　线天线专有性能指标

假设有一个电振子，其上的电流为均匀分布，其大小等于该实际天线的波腹电流（或馈电点电流），并且其在最大方向产生的场强等于该实际天线在最大方向的场强，则该电振子的长度 L，称为该实际天线的有效长度。

一般而言，天线上的电流分布是不均匀的，也就是说天线上各部位的辐射能力不一样。为了衡量天线的实际辐射能力，常采用有效长度（Effective Length）。它的定义是：在保持实际天线最大辐射方向上的场强值不变的条件下，假设天线上的电流分布为均匀分布时天线的等效长度。通常将归算于输入电流 I_{in} 的有效长度记为 l_{ein} ，把归算于波腹电流 I_m 的有效长度记为 l_{em} 。

如图 2-14 所示，设实际长度为 l 的某天线的电流分布为 $I(z)$ ，考虑到各电基本振子辐射场的叠加，此时该天线在最大辐射方向产生的电场为

$$E_{\max} = \int_0^l \mathrm{d}E = \int_0^l \frac{60\pi}{\lambda r} I(z)\,\mathrm{d}z = \frac{60\pi}{\lambda r} \int_0^l I(z)\,\mathrm{d}z \tag{2-41}$$

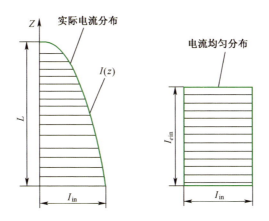

图 2-14 天线的电流分布

若以该天线的输入端电流 I_{in} 为归算电流,则电流以 I_{in} 为均匀分布、长度为 l_{ein} 时天线在最大辐射方向产生的电场可类似于电基本振子的辐射电场,即

$$E_{\max} = \frac{60\pi I_{\mathrm{in}} l_{ein}}{\lambda r} \tag{2-42}$$

令式(2-41)和式(2-42)相等,得

$$I_{\mathrm{in}} l_{ein} = \int_0^l I(z)\,\mathrm{d}z \tag{2-43}$$

由上式可看出,以高度为一边,则实际电流与等效均匀电流所包围的面积相等。在一般情况下,归算于输入电流 I_{in} 的有效长度与归算于波腹电流 I_m 的有效长度不相等。

引入有效长度以后,考虑到电基本振子的最大场强的计算,可写出线天线辐射场强的一般表达式为

$$|E(\theta,\varphi)| = |E_{\max}| F(\theta,\varphi) = \frac{60\pi I l_e}{\lambda r} F(\theta,\varphi) \tag{2-44}$$

式中: l_e 与 $F(\theta,\varphi)$ 均用同一电流 I 归算。

将式(2-21)与式(2-44)结合起来,还可得出方向系数与辐射电阻、有效长度之间的关系式:

$$D = \frac{30 k^2 l_e^2}{R_r} \tag{2-45}$$

在天线的设计过程中,有一些专门的措施可以加大天线的等效长度,用来提高天线的辐射能力。

2.4.2　口径天线专有性能指标

1）天线实际口径

对面型天线来说，天线的外边缘所限制的这一部分平面称为天线实际口径，或简称天线口径。口径愈大，波束愈窄。

2）天线口径面电磁场分布

天线辐射性能与天线口径面的电磁场分布密切相关，电磁场分布可以用口径幅度分布和口径相位分布来描述。

天线口径幅度分布与天线被束宽度、旁瓣电平及照射效率等参数密切相关。在天线设计中往往根据天线的技术指标来选择相应的口径幅度分布。常见的口径幅度分布形式有均匀分布、锥削分布和台劳分布等。

3）天线口径效率

口径照射效率可用下式表示

$$\eta_A = \frac{投射到反射器上的功率}{照射器所辐射的功率} = \frac{P_{t0}}{P_t} = 1 - \cos^{m+1}\psi \qquad (2-46)$$

式中：ψ 为张角；m 为照射器方向图参数。

抛物面天线照射器所辐射的功率有一部分从反射器的边缘漏出，称为漏逸功率，它不被反射器所聚焦，因此存在着口径照射效率问题。

4）天线口径阻挡

天线口径面前方有电微波的障碍物妨碍电磁波的辐射，称为天线的口径阻挡。

在抛物面天线中是指馈电器、馈线及支架；卡塞格伦天线中是指副反射器及支杆。而不完全透明的介质天线罩，也会产生阻挡。阻挡将降低天线效率，提高旁瓣电平，带来一些不良影响。因此在天线设计中常采取措施缩小或消除这一影响。例如，在使用单一极化的双反射器天线中，可采用极化扭转技术，使电磁波能穿达到反射器，从而大大减小口径阻挡的影响。

5）漏失

在反射器天线和透镜天线中，馈电器的方向因不可能是理想的，因此，馈电器辐射的功率有部分未被反射器和透镜截获，这就是漏失。因有漏失功率，所以降底了天线效率。因此，在天线设计中必须设法降低漏失。在双反射器天线中除了馈电器对副反射器有漏失存在外，功率经副反射器反射到主反射器时也有漏失存在。

2.4.3　反射器天线专有性能指标

1）天线相位中心

天线相位中心是指极化时，在给定方向上某个平面上天线辐射电磁波的等相位面为曲率中心。天线相位中心是一个局部性的概念,大多数实际天线的相位中心会随着方向、极化、所取平面,甚至距离而变化。相位中心的测定对于作为聚焦天线(抛物面反射器、透镜等)的馈电器非常重要,而且,希望这类馈电器在所要求的范围内、不同平面的相位中心尽可能靠近。

2) 天线反射器表面精度

天线的反射器表面精度一般用均方根误差表示,即误差的平方根对整个口面的平均值。反射器表面精度不良,面上各点误差不同,使得口面上各点相位不同,口面就不是等相位面,最大辐射方向的场强就要减弱,天线增益下降,旁瓣电平增高。

增益下降值用下式表示

$$\eta_s = \frac{G}{G_0} = e^{-\left(\frac{4\pi\varepsilon}{\lambda}\right)^2} \tag{2-47}$$

式中:G 为无误差时天线增益;G_0 为表面有误差时天线增益;ε 为均方根平面误差;λ 为波长。

η_s 与 $\frac{\varepsilon}{\lambda}$ 的关系曲线如图 2-15 所示。

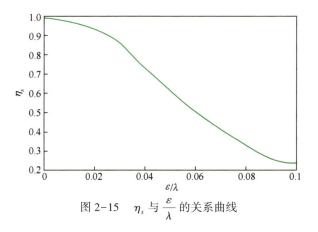

图 2-15　η_s 与 $\frac{\varepsilon}{\lambda}$ 的关系曲线

3) 天线(寄生)效应

天线馈电线不平衡时,能起到辐射和接收电磁波的作用,也就是起到与天线相同作用时,也称为天线效应。

2.4.4　阵列天线专有性能指标

1) 阵因子

假定每个阵列单元的方向因为各向同性时,阵列天线的辐射归一化方向图就成为阵因子 c。为了分析阵列天线性能,引入阵因子的概念是很有意义的。阵因子决定于阵列中单元的排列形式、间距与工作波长之比及单元的激励条件。阵列天线的方向为阵因子与单元因子之积。

2）孔径遮挡

位于到达或离开天线辐射单元或孔径的射线路径中的天线阵部件,对射线产生的遮挡影响。

3）孔径遮挡因子

由于馈源、支杆及副反射器等天线部件的遮挡效应引起的反射器天线有效面积相对减少的比值。

2.4.5　谐振天线专有性能指标

1）谐振频率

使天线输入阻抗的电抗分量为零的频率称为天线谐振频率。

2）品质因数

品质因数 Q 是一个谐振器的重要参数指标,它属于电路参数的指标。它反应了谐振器存储能量与损耗能量之间的关系,定义为

$$Q = \omega_r W/P \qquad (2-48)$$

式中:ω_r 为谐振器振荡的频率;W 为谐振器内部存储的总电磁能量;P 为谐振器由于非理想性而带来的损耗功率,它包括了所有的功率损耗。

3）谐振波长

谐振波长 λ 是用来描述谐振器的谐振特性的参数,它与谐振器形状、尺寸、介电常数以及工作模式有很密切的关系,并且它与谐振频率 f 之间的关系为

$$\lambda f = \nu$$

式中:ν 为谐振器的电磁波速度。

2.5　天线分类

2.5.1　按分析方法分类

【线天线】是指天线结构具有线状结构特点,而且金属导线半径远小于波长的天线。如振子天线、环天线、螺旋天线等。

【面天线或称口径天线】是指电磁波通过一定口径向外辐射的天线。如喇叭天线、板状天线、角反射天线、抛物面天线、栅格天线、卡塞格伦天线等。

【天线阵】是指天线的辐射单元按一定规律排列和激励(或称馈电,指给每个辐射单元信号的幅度和相位)的天线群体。例如,美国爱国者导弹中的相控阵雷达系统、美国F-22战机和俄罗斯米格-35战机的机载相控阵雷达系统,预警飞机、导弹和空间分集移动通信系统等。

2.5.2　按使用波段分类

【短波天线】工作于短波波段的发射或接收天线,统称为短波天线。短波主要

是借助于电离层反射的天波传播的,是现代远距离无线电通信的重要手段之一。

【超短波天线】工作于超短波波段的发射和接收天线称为超短波天线。

【微波天线】工作于米波、分米波、厘米波、毫米波等波段的发射或接收天线,统称为微波天线。微波主要靠空间波传播,为增大通信距离,天线架设较高。

2.5.3　按方向性分类

【定向天线】向某个方向传播的天线。

【不定向天线】在各个方向上均匀辐射或接收电磁波的天线,称为不定向天线,如小型通信机用的鞭状天线等。

【全向天线】全向天线的名称说明了电磁场的辐射能量在每个方位都会一致,目前最普遍的全向天线当属偶极(DIPole)天线,绝大部分的基地台(ACCess Point)都是内建偶极天线。

2.5.4　按频带宽带分类

【窄频带天线】又称微带天线。这种天线有薄的平面结构,便于共形,制造简单,成本低。通过选择特定的贴片形状和馈电方式可以获得所需的谐振频率、极化、模式、阻抗。同时可以通过在贴片和介质基片间加负载调整谐振频率、极化、模式、阻抗等各参量。如政府机密部门一般使用,窄频带是所希望的。

【宽频带天线】方向性、阻抗和极化特性在一个很宽的波段内几乎保持不变的天线,称为宽频带天线。

【超宽频带天线】天线设计主要针对瞬态时变即窄脉冲宽频带信号的辐射,如偶极子天线的各种变形、平面槽天线等。

【调谐天线】仅在一个很窄的频带内才具有预定方向性的天线,称为调谐天线或称调谐的定向天线。同相水平天线、折合天线、曲折天线等均属于调谐天线。

2.5.5　按形状分类

【垂直天线】垂直天线是指与地面垂直放置的天线。它有对称与不对称两种形式,而后者应用较广。对称垂直天线常常是中心馈电的。不对称垂直天线则在天线底端与地面之间馈电,其最大辐射方向在高度小于1/2波长的情况下,集中在地面方向,故适应于广播。不对称垂直天线又称垂直接地天线。

【倒L形天线】在单根水平导线的一端连接一根垂直引下线而构成的天线。因其形状像英文字母L倒过来,故称倒L形天线。倒L形天线一般用于长波通信。它的优点是结构简单、架设方便;缺点是占地面积大、耐久性差。

【T形天线】在水平导线的中央,接上一根垂直引下线,形状像英文字母T,故称T形天线。它是最常见的一种垂直接地的天线。它的水平部分辐射可忽略,产生辐射的是垂直部分。一般用于长波和中波通信。

【伞形天线】在单根垂直导线的顶部,向各个方向引下几根倾斜的导体,这样构成的天线形状像张开的雨伞,故称伞形天线。特点和用途与倒 L 形、T 形天线相同。

【鞭状天线】鞭状天线是一种可弯曲的垂直杆状天线,其长度一般为 1/4 或 1/2 波长。大多数鞭状天线都不用地线而用地网。小型鞭状天线常利用小型电台的金属外壳作地网。鞭状天线可用于小型通信机、步谈机、汽车收音机等。

【对称天线】两部分长度相等而中心断开并接以馈电的导线,可用作发射和接收天线,这样构成的天线称为对称天线。因为天线有时也称为振子,所以对称天线又称对称振子,或偶极天线。总长度为 1/2 波长的对称振子,称为半波振子,也称半波偶极天线。它是最基本的单元天线,用得也最广泛,很多复杂天线是由它组成的。半波振子结构简单,馈电方便,在近距离通信中应用较多。

【笼形天线】是一种宽波段弱定向天线。适应于近距离的干线通信。

【角形天线】属于对称天线的一类,但它的两臂不排列在一条直线上,而成 90°或 120°,故称角形天线。这种天线一般是水平装置的,它的方向性是不显著的。为了得到宽波段特性,角形天线的双臂也可采用笼形结构,称角笼形天线。

【折合天线】将振子弯折成相互平行的对称天线称为折合天线。折合天线是一种调谐天线,工作频率较窄。它在短波和超短波波段获得广泛应用。

【V 形天线】是由彼此成一角度的两条导线组成,形状像英文字母 V 形的一种天线。

【菱形天线】是一种宽频带天线。菱形天线一般用于大中型短波收信电台。

【盘锥形天线】是一种超短波天线。

【鱼骨形天线】鱼骨形天线又称边射天线,是一种专用短波接收天线。与菱形天线相比较,鱼骨形天线的优点是副瓣小,各天线之间相互影响小,占地较小;缺点是效率低,安装和使用均较复杂。

【八木天线】又称引向天线。八木天线的优点是结构简单、轻便坚固、馈电方便;缺点频带窄、抗干扰性差。在超短波通信和雷达中应用。

【扇形天线】它有金属板式和金属导线式两种形式。扇形天线用于超短波接收。

【双锥形天线】双锥形天线由两个锥顶相对的圆锥体组成,双锥形天线主要用于超短波接收。

【抛物面天线】抛物面天线是一种定向微波天线,在微波中继通信、对流层散射通信、雷达及电视中广泛应用这种天线。

【喇叭抛物面天线】喇叭抛物面天线由喇叭和抛物面两部分组成。喇叭抛物面天线在干线中继通信中用得很广泛。

【喇叭天线】又称号角天线。其优点是工作频带宽,缺点是体积较大,而且就同一口径来说,它的方向性不及抛物面天线尖锐。

【喇叭透镜天线】由喇叭及装在喇叭口径上的透镜组成,故称为喇叭透镜天线。它在波道数较多的微波干线通信中用得很广泛。

【螺旋天线】是一种具有螺旋形状的天线。

2.5.6　按工艺分类

【透镜天线】在厘米波段,许多光学原理可以用于天线方面。透镜天线用于微波中继通信中。

【开槽天线】在一块大的金属板上开一个或几个狭窄的槽,用同轴线或波导馈电,这样构成的天线称为开槽天线,也称裂缝天线。特别适合在高速飞机上使用。它的缺点是调谐困难。

【介质天线】介质天线是一根用低损耗高频介质材料做成的圆棒,介质天线的优点是体积小,方向性尖锐;缺点是介质有损耗,因而效率不高。

参考文献

[1] 康行健. 天线原理与设计[M]. 北京:北京理工大学出版社,1993.

[2] 宋铮,张建华,黄冶. 天线与电波传播[M]. 西安:西安电子科技大学出版社,2011.

第3章

天线的测量

在无线电系统中,天线负责电磁能量的发射和接收,是重要的前端能量转换器件,它的性能研究是天线理论重要组成部分。在一般分析中,通常采用理论分析与实际测量相结合的方式,做到相互补充、相互印证。当天线模型过于复杂而不便于理论计算时,天线参数测量更是必不可少。

天线参数的测量分为两个部分,分别基于天线的两方面的特性:一是电路特性,主要包括天线的输入阻抗、频带宽度和匹配程度等;二是辐射特性,主要包括方向图、增益、极化特性等。这两部分的测量对于测量环境的要求不同,电路特性的测量对环境要求较少,而辐射特性对于环境要求较高,因此花费成本较大。从复杂度上说,辐射特性的测量也远比电路特性测量复杂得多。下面详细介绍这两种特性的参数测量。

3.1　电路参数的测量

3.1.1　电路参数的术语

对于天线系统电路参数的测量,是将天线系统视为普通传输线,引入了反射系数、驻波比和输入阻抗等概念。

1. 反射系数

一般来说,传输线上的电磁波由入射波和反射波叠加构成,为了定量描述反射现象,把传输线上任意一点的反射波电压与入射波电压定义为该处的电压反射系数,记为 $\Gamma(z)$,根据微波技术理论,则有

$$\Gamma_u(z) = \frac{U^-(z)}{U^+(z)} = \frac{Z_L - Z_c}{Z_L + Z_c} e^{-j2\beta z} \tag{3-1}$$

式中: Z_L、Z_c 分别为终端的负载阻抗和传输线的特性阻抗。在线的终端($z = 0$),电压的反射系数 $\Gamma_u(0)$ 为

$$\Gamma_u(0) = \frac{Z_L - Z_c}{Z_L + Z_c} = |\Gamma_u(0)| e^{j\varphi_0} \tag{3-2}$$

式中: φ_0 为终端反射系数的相角,因此,可将 $\Gamma_u(z)$ 写作

$$\Gamma_u(z) = \Gamma_u(0) e^{-j2\beta z} = |\Gamma_u(0)| e^{-j(2\beta z - \varphi_0)} \tag{3-3}$$

同样,有电流反射系数,表示为

$$\Gamma_i(z) = \frac{I^-(z)}{I^+(z)} = \frac{Z_c - Z_L}{Z_c + Z_L} e^{-j2\beta z} \tag{3-4}$$

反射系数一般情况下是复数,即它不仅反映了反射波和入射波的大小之比,而且也反映了两者间的相位关系。需要说明的是,在实际中用得较多而又便于测量的是电压反射系数。另外,从式(4-3)中可以看出,对于均匀无耗传输线,

线上各点的反射系数的模是相同的,其差别是各点反射系数的相角不同。

2. 驻波比

在均匀无耗传输线上,电压 $U(z)$ 的最大振幅值与最小振幅值之比,称为电压驻波比,记作 $VSWR$;电流 $I(z)$ 的最大振幅值与最小振幅值之比,称为电流驻波比。这两种驻波比在数值上是相等的,则有

$$VSWR = \frac{|U(z)|_{\max}}{|U(z)|_{\min}} = \frac{|I(z)|_{\max}}{|I(z)|_{\min}} = \frac{1 + |\Gamma(0)|}{1 - |\Gamma(0)|} \tag{3-5}$$

与反射系数类似,在实际中,通常采用电压驻波比。驻波比从量的方面反映传输线上反射波情况的一个重要参量,但它只反映了反射波强弱的程度,并不反映其相位关系。如前所述,反射系数的模延传输线是不变化的,因此,驻波比沿传输线也是不变化的。反射系数的模可以表示为

$$|\Gamma| = \frac{VSWR - 1}{VSWR + 1} \tag{3-6}$$

式(3-5)和式(3-6)在实际中经常用到,有很大的实用价值。

3. 输入阻抗

输入阻抗是传输线上任意位置电压的复振幅 $U(z)$ 与电流的复振幅 $I(z)$ 之比,也就是从该处朝负载方向看去的等效阻抗,用 $Z_{\text{in}}(z)$ 表示:

$$Z_{\text{in}}(z) = \frac{U(z)}{I(z)} \tag{3-7}$$

利用微波技术理论,输入阻抗可以进一步表示为

$$Z_{\text{in}}(z) = \frac{U(z)}{I(z)} = Z_c \frac{1 + \Gamma(z)}{1 + \Gamma(z)} \tag{3-8}$$

从中可以看出,输入阻抗和反射系数是一一对应的,它们本质是一致的,只是反射系数是从场的观点来描述问题的,而输入阻抗是从路的观点描述问题。

这三个电路参数其实是描述天线阻抗匹配的问题,阻抗匹配是无线电技术中常见的一种工作状态,它反映了输入电路与输出电路之间的功率传输关系。当电路实现阻抗匹配时,将获得最大的功率传输。反之,当电路阻抗失配时,不但得不到最大的功率传输,还可能对电路产生损害。无线电发射机的输出阻抗与馈线的阻抗、馈线与天线的阻抗也应达到一致。如果阻抗值不一致,发射机输出的高频能量将不能全部由天线发射出去。这部分没有发射出去的能量会反射回来,产生驻波,严重时会引起馈线的绝缘层及发射机末级功放管的损坏。因此,对天线电路特性的测量就是为了使得阻抗匹配。

3.1.2 网络的散射参数

任何一个微波系统,都可以用传输线与微波网络来描述,在实际的工程应用中,微波网络参数可以直接测量得到,因此,目前很多微波器件大都采用散射参

数来表达他们的特性,微波网络散射参数的测定以二端口网络最为典型,任何一个单端口网络或多端口网络都可以按照二端口网络参数的测定方法来完成。天线以及天线阵可以看作单端口网络和多端口网络。

散射参数表征的是网络端口入射波和出射波之间的关系,如图 3-1 所示的二端口网络,出射波与入射波之间的关系可以表示为

图 3-1　二端口网络示意图

$$b_1 = s_{11}a_1 + s_{12}a_2$$
$$b_2 = s_{21}a_1 + s_{22}a_2$$
$$(3-9)$$

式中:a_i、b_i、s_{ij} 都是复数,$i,j = 1,2$。

s_{11} 是端口 1 在端口 2 接匹配负载条件下的反射系数,即

$$s_{11} = \frac{b_1}{a_1} \mid_{a_2 = 0} \qquad (3-10)$$

s_{12} 是端口 1 接匹配负载,端口 2 接信号源时,端口 1 的出射波与端口 2 的入射波之比,或称为端口 2 到端口 1 的传输系数,即

$$s_{12} = \frac{b_1}{a_2} \mid_{a_1 = 0} \qquad (3-11)$$

s_{21} 是端口 2 接匹配负载,端口 1 接信号源时,端口 2 的出射波与端口 1 的入射波之比,或称为端口 1 到端口 2 的传输系数,即

$$s_{21} = \frac{b_2}{a_1} \mid_{a_2 = 0} \qquad (3-12)$$

s_{22} 是端口 2 在端口 1 接匹配负载条件下的反射系数,即

$$s_{22} = \frac{b_2}{a_2} \mid_{a_1 = 0} \qquad (3-13)$$

在测量天线的反射系数时,我们需测量天线的 s_{11},即前面所说的反射系数。

3.1.3　散射参数的测量

前面已经讲到,反射参量是描述微波元器件的失配程度的主要技术指标,但在作为描述失配和反射大小的常用指标中,很少有将 s_{11} 直接作为指标提出来,通常提出的技术指标是驻波系数、反射系数、输入阻抗等,前面我们也阐述了反射系数和输入阻抗本质上是一致的,因此只需测量驻波系数以及输入阻抗等指标。

早期,输入阻抗或复数反射系数的测量可用阻抗电桥或开槽线在这些技术可以应用的频率上进行。由于宽频带的日趋采用,对许多应用,可以选用矢量网络分析仪系统来测量阻抗或整个网络的散射矩阵,如图 3-2 所示。近些年来,随着频率合成信号源、宽带高性能定向耦合器和下变频器的解决,使网络分析仪得到了迅速发展,紧接着的数字存储技术、计算机技术广泛应用于测试,出现了全自动的测量网络参数装置。现在,网络分析仪已经成为一种多功能的测试装置,它既能测试反射系数和传输系数,也能自动转换成其他参数;既能测量传统无源网络,也能测量有源网络;既能点频测量,也能扫频测量;既能手动测量,也能自动测量。

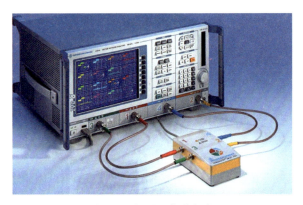

图 3-2　矢量网络分析仪

矢量网络分析仪测量网络散射参数的基本思想是:根据 4 个 S 参数的定义,设计特定的信道分离单元,将入射波、反射波、传输波分离开,再将入射波、反射波、传输波频率变换到固定中频,最后利用中频幅相测量方法测出入射波、反射波、传输波的幅度和相位,从而得到 4 个 S 参数。因此,网络分析仪一般包括三个重要部分:信号源、信道分离单元和幅值接收机,其内部结构如图 3-3 所示。

信号源提供被测件激励信号,由于网络分析仪要测试被测件传输/反射特性与工作频率和功率的关系,所以网络分析仪信号源要具备频率扫描和功率扫描功能。为了保证测量的精度,网络分析仪内的信号源几乎都采用频率合成技术,当扫频设置为零时,输出信号为点频信号。网络分析仪有两种不同方式进行频率变化:一是步进变化,这种方式频率精度较高,适合测量高 Q 值器件的频率响应,但测试时间较慢;二是连续变化,频率按斜坡方式连续变化,适合普通情况快速测试。

信道分离单元的作用是将入射波、反射波、传输波信号分离开,分离信道的方法较多,常用器件是定向耦合器反射计和电桥反射计,其最为关键的问题是解

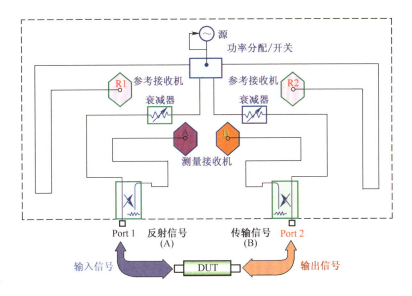

图 3-3　矢量网络分析仪内部结构图

决反射计的宽频带和方向性问题。

　　幅值接收机的主要作用是测量入射波、反射波、传输波的幅度和幅角,由于高频信号的矢量测量困难,通常将高频信号下变频到中频,然后测量中频信号的幅度和相位,在频率变换的过程中,需保持原信号的幅度和相位。

　　矢量网络分析仪的具体使用这里不再叙述,可按照说明书对器件进行测量,天线存在一个固有的特殊问题,即其输入阻抗随天线的外界环境而变化。由于这个原因,在进行阻抗测量时,天线应架设在模拟其工作环境的场所。通常,对窄波束天线来说,这种要求容易逼近,因为这种天线的波束指向可以避开反射性障碍物。但是对全向天线这可能较为困难,因为周围的结构会影响输入阻抗,此时需要在微波暗室进行,如图 3-4 所示。

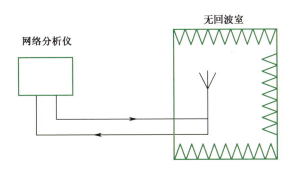

图 3-4　微波暗室测量输入阻抗

3.2　辐射特性测试场地

天线测试场是测量天线或鉴定天线的场所,更多的是测量天线辐射特性的场地。天线的辐射特性包括方向图、增益、极化等,在测量辐射特性时,由于无源天线具有收发互易性,即在接收状态时的辐射特性和在发射状态时的辐射特性是一样的,因此我们可以根据天线、仪器、场地等条件来制定方便的工作状态,即选择被测天线置于发射状态或是接收状态,但在使用中还应注意以下几点:

（1）若把待测天线和辅助天线的工作状态互换,并保持接收信号的幅度和相位不变,要求信号源、检波器必须与馈线匹配。

（2）天线上的电流或电场分布并不互易。

（3）天线中包含晶体管匹配网络、电子管、铁氧体等有源或非线性元件时,只能在指定的工作状态下测量。

3.2.1　天线场的区域划分

在紧邻天线的空间,除辐射场外,还有一个非辐射场,该场同距离的高次幂成反比,随离开天线距离的增加迅速减小。在这个区域,由于电抗场占优势,所以把此区域称为电抗近场区,又称瑞利区。

越过电抗近场区就到了辐射场区,对于电大尺寸天线,按离开天线距离的远近又把辐射场区分为辐射近场区和辐射远场区。一般地,把前者称为菲涅尔区;把后者称为夫朗荷费区。在辐射近场区,场的角分布与距离有关,天线各单元对观察点场的贡献,其相对相位和相对幅度是离开天线距离的函数。辐射远场即人们常说的远场区。在该区场的角分布与距离无关。严格讲,只有离天线无穷远才是天线的远区,但在某个距离上,场的角分布与无穷远时的角分布误差在允许的范围以内时,把该点至无穷远的区域称为天线的远区。公认的辐射近、远场的分界距离为

$$R = \frac{2D^2}{\lambda} \tag{3-14}$$

式中: D 为天线孔径的最大线尺寸; λ 为信号波长。电大天线的不同区域如图3-5所示。

此外,对于电小尺寸天线($L/\lambda < 1$),只存在电抗近场区和辐射远场区,没有辐射近场区。常把辐射远场与电抗近场相等的距离定义为 $L/\lambda < 1$,一类天线电抗近场区的外界越过了这个距离($R = \lambda/2\pi$),辐射远场就占优势。

3.2.2　反射测试场

由于在通信、雷达等用途中,天线都处于它的远区,所以要正确测试天线的

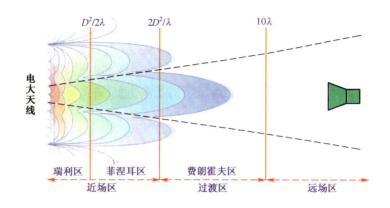

图 3-5　天线的近场区和远场区

辐射特性,必须具备一个能提供均匀平面电磁波照射待测天线的理想测试场。为了近似得到这种理想测试场,已研制出各种形式的天线测试场。反射测试场就是其中的一种。

反射测试场就是合理地利用和控制地面反射波与直射波干涉而建立的一种测试场,如图 3-6 所示。

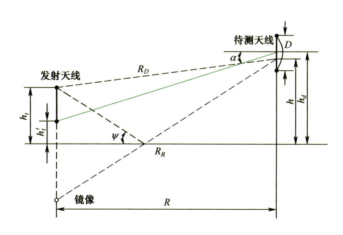

图 3-6　反射测试场示意图

该法是把收发天线低架在光滑平坦的地面上,用直射波与地面反射波产生干涉方向图第一个瓣的最大值对准待测天线口面中心,在待测天线口面上同样可以近似得到一个等幅同相入射场。建立待测天线口面垂直方向入射场锥削幅度分布的准则,必须考虑地面反射的影响。

经过理论分析可知,接收点总场强是直射波场强和反射波场强干涉的结果,场强振幅在垂直面内类似驻波分布,其振幅波动大小及变化周期与工作波长、地面反射特性、收发天线架设高度有关。当待测天线是弱方向性天线,其孔径线尺寸比驻波干涉图的周期小得多,因此,可将待测天线放在干涉图的某一峰值处,这样在待测天线孔径上便可得到类似均匀的照射场。

反射测试场属于室外测试场,其关键是保证地面具有规则而稳定的反射条件。经验证明,在反射主区采用混凝土、沥青等加工处理过的地面或压实压平的小石子地面就能满足一般测试要求。

3.2.3　自由空间测试场

自由空间测试场就是能够消除或抑制地面、周围环境及外来干扰等影响的一种测试场,常用下面列举的一种或几种措施:

（1）抑制待测天线或辅助天线的方向性和副瓣;

（2）消除来自地面的射线;

（3）使到达地面的能量改变方向或被吸收;

（4）采用特殊的信号处理技术,如用标记调制所需信号和短脉冲技术把直射信号和反射信号区分开。

属于自由空间类型的测试场有:高架天线测试场、斜天线测试场、微波暗室、缩距测试场和外推测试场。

1. 高架天线测试场

高架天线测试场如图 3-7 所示。在平坦地面上,将收发天线架设在水泥塔或相邻高大建筑物的顶上,使发射天线的方向图的第一个零点指向地面反射点,从而减少地面的反射。两天线间的距离由远场条件确定,高架测试场适合于几何尺寸较大的天线参数测试,可以采用以下措施减小或消除周围环境的反射。

（1）合理选择发射天线方向性系数,使旁瓣电平很小;

（2）消除两个天线间的视线障碍物;

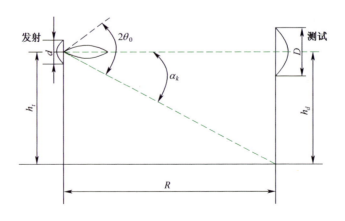

图 3-7　高架天线测试场

（3）对于测试场内的障碍物和表面的反射波，采取措施改变反射波的方向或吸收反向能量。

2. 斜天线测试场

斜天线测试场就是收发天线架设高度不等的一种测试场。通常把待测天线架设在比较高的非金属塔上，且作接收使用，把辅助发射天线靠近地面架设，由于发射天线相对待测天线有一定仰角，适当调整它的高度，使自由空间方向图的最大辐射方向对准待测天线口面中心，零辐射方向对准地面，就能有效抑制地面反射。图3-8是一实用斜天线测试场。其实斜天线测试场就是高度不等的高架天线测试场，在地面测量距离给定的情况下，斜天线测试场需要的地面距离比高架测试场小。

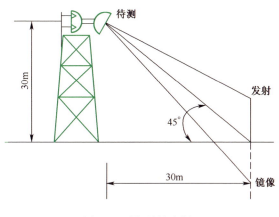

图 3-8　斜天线测试场

3. 微波暗室

无反射室又称"吸波暗室""微波暗室"，简称暗室。它是以吸波材料作衬里的房间。它能吸收入射到6个壁上的大部分电磁能量，较好地模拟自由空间测试条件。

暗室主要用来进行电磁兼容、天线参数和雷达截面的测量，研究电磁波的绕射、辐射和散射特性。由于无反射室在宽的工作频带范围内，能得到相当稳定的信号电平，具有全天系、保密、对昂贵的待测系统（如即将投入使用的卫星）起到保护作用，能避免外界电磁干扰的优越测量环境，加之建造暗室吸波材料性能的改进及大批量生产，因而在近几十年间得到了迅速发展。不同类型不同规模的暗室在国内外先后建成，大大提高了科研的质量和速度。

暗室之所以能产生无反射效应，主要得益于暗室内的吸波材料以及暗室的结构形式。暗室吸波材料应具有表面反射小、内部损耗大，使电磁波在材料内得到充分衰减的特性，常用的吸波材料如图3-9所示。

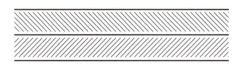
（a）平板多层介质吸收材料

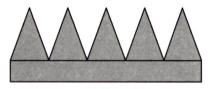
（b）角锥形吸收材料

图 3-9　常用吸波材料

平面多层介质吸波材料质地软、重量轻，可以弯成各种形状，多用于作暗室的辅助材料，如搭成屏障覆盖在实验设备表面上或作临时性的遮挡板，以防止暗室的杂乱反射或保护实验人员免受微波伤害。

角锥形吸收材料是一种高吸收性能的吸收波材料，它的频带宽，而且电磁波入射角在 0°～70° 内变化及各种极化状态入射时，其吸收性能无明显变化。

图 3-10 为暗室常用的几种结构形式。暗室的电性能主要由静区的特性来表征。静区的特性又以静区的大小、静区内的最大反射电平、交叉极化度、场强辐值均匀性、多路径损耗、固有雷达截面、工作频率范围等参数来描述。

（1）静区：指暗室内受各种杂散波干扰最小的区域。静区的大小，除了与暗室的大小、工作频率、所用吸波材料的电性能有关外，还与所要求的反射电平、静区的形状及暗室的结构有关。对结构对称、六面铺设相同吸波材料的暗室，静区呈柱状，轴线与暗室的纵轴一致。在测量天线的辐射参数时，静区就是满足远区条件的测试区。

（2）反射电平：为等效反射场与直接照射场之比。等效反射场是指室内反射、绕射和散射等杂散波的总干扰场。

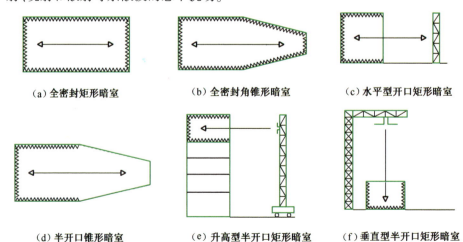

（a）全密封矩形暗室　　（b）全密封角锥形暗室　　（c）水平型开口矩形暗室

（d）半开口锥形暗室　　（e）升高型半开口矩形暗室　　（f）垂直型半开口矩形暗室

图 3-10　常见的暗室结构形式

反射电平通过实验来测定,暗室中静区的反射率电平越低,则测量精度就越高,如图 3-11 所示。

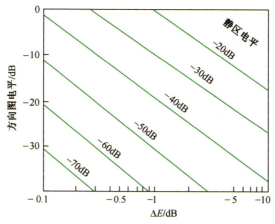

图 3-11　不同反射电平造成的方向图电平测量误差

（3）交叉极化:是指电磁波在传输过程中,产生的与原极化特性相正交的极化分量之大小,它表征了电磁波的极化纯度。必须注意:这里所指的交叉极化特性与收、发天线本身的交叉极化特性不同,前者是由暗室(包括材料性能)的不对称引起的,后者则是由于天线加工精度不够造成的。通常用正交极化分量与原极化分量的比值来表示暗室交叉极化特性的大小,为了保证一定的测试精度,该值一般应小于-25dB。

（4）多路径损耗:指暗室内电磁波传输路径损耗的不均特性,这对圆极化天线的测量尤为重要。因为如果暗室内的路径损耗不一样,则发射的虽是圆极化波,但到接收点后就变成椭圆极化波了,显然会给测量带来误差。这种不均匀性一般限制在±0.25dB 内。

（5）场强幅值均匀性:指天线照射置于静区内的待测天线时,孔径上场强振幅值的不均匀程度。一般要求静区横向幅值变化不超过±0.25dB,纵向幅值变化在 2dB 内。

（6）工作频率范围:静区工作频率范围的下限取决于暗室的宽度和吸收材料的厚度;上限则取决于暗室的长度和对静区反射电平的要求程度。

这里详细介绍暗室,主要是因为暗室能够提供较纯净的传播环境,已经逐步成为最常用的测量场地。图 3-12 为在暗室中进行测量的示意图。

4. 紧缩场

随着被测天线口径的增大和天线工作频率的提高,为了满足远区场条件,要求测试距离达到几千米甚至几十千米。同时,为了避免地面反射,测试的收、发天线高度变得难以实现,这样问题可以采用紧缩场技术来解决。紧缩场是以反

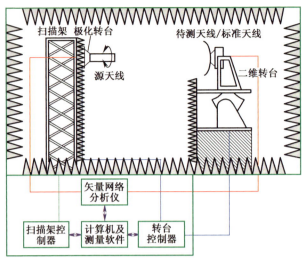

图 3-12　暗室中测量天线参数

射面原理构成的、缩短了测试距离的天线测试场,其基本原理是:采用一个、两个或更多的反射面,将馈源辐射的球面波在近距离变换成平面波。因此,紧缩场系统可以被视为一个在近距离内球面波到平面波的变换器,如图 3-13 所示。

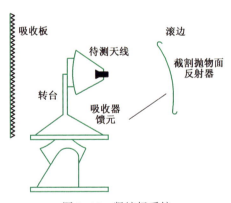

图 3-13　紧缩场系统

目前,紧缩场的主要应用场合如下。

(1) 天线测试:主要用于高性能天线方向图测试,包括振幅方向图、相位方向图和交叉极化方向图;天线增益测试;近区副瓣电平和远区副瓣电平测试,这对于机载雷达、弹载雷达和卫星天线的研究、开发及性能检测都十分重要。

(2) 天线罩研究:透波率测试,方向图畸变、天线瞄准轴误差测试研究等。

(3) 雷达目标特性测试(RCS):RCS 的分析和测试,高精度 RCS 定标,低和超低 RCS 测试等。

（4）毫米波辐射和散射研究：毫米波天线测试和毫米波目标 RCS 特性测试研究。

（5）目标识别技术研究。

紧缩场的主要技术指标包括以下几个方面。

（1）静场尺寸：反映紧缩场平面波测试区域的大小，场×宽×高，紧缩场的静区一般不随频率变化而变化。

（2）工作频率：反映紧缩场的使用频率范围，一般是 2~100GHz。

（3）静区场振幅变化：反映了紧缩场平面波的幅度特性，振幅变化越小越好，一般紧缩场静区的振幅变化小于 1dB。

（4）静区场相位变化：反映紧缩场平面波的相位特性，相位变化越小越好，一般相位变化小于 10°。

（5）交叉极化电平：反映紧缩场平面波的交叉极化特性，交叉极化越小越好，一般交叉极化小于−27dB。

目前，提高紧缩场精度的一些关键问题还需攻关。

5. 近场测量技术

传统的天线远场测量方法的主要缺点是开放的测试场地和电磁环境对测量精度影响较大，对具有低副瓣或超低副瓣天线及其他一些具有特殊功能的天线进行测试时，误差很大，为了克服天线远场测量的一些缺点，自 20 世纪 50 年代起，国外开始了天线近场测量方法的研究，天线近场测量技术得到了很大的发展。

天线近场测量方法就是对天线近区（离开天线几个波长）电磁场分布进行测量，然后利用有关的电磁场定理，通过严格的数学变换，可以得到天线在任意远处的电磁场分布，天线的近场测量通常在微波暗室中进行，克服了测量场地和外界电磁干扰对精度的影响，具体的步骤如图 3-14 所示。

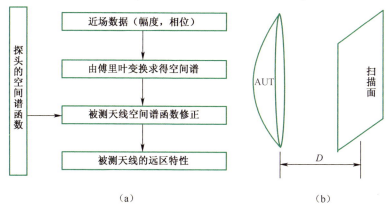

（a）　　　　　　　　　　　　　　　　（b）

图 3-14　辐射近场测量的原理示意图

（a）平面近场测量的计算流程；（b）平面近场测量的测量示意图。

在天线近场测量中,有三种测量方式,分别是平面扫描、柱面扫描和曲面扫描,如图 3-15 所示,一般以待测天线作为发射天线,平面扫描时探头在被测天线前适当距离上,扫描一个足够大的平面,并测量该平面场的幅度和相位;柱面测量是扫描一个包围待测天线的柱面,并测量柱面上的幅度和相位;而球面测量师扫描一个包围待测天线的适当半径并测量该球面上场的幅度和相位。

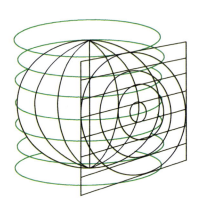

图 3-15　平面、柱面、球面扫描简图

近场测量方法自 20 世纪 70 年代以来主要用于天线辐射问题的测量,它在待测天线的近区内做数据采样,该做法与常规的天线远场测量相比,具有以下优点:

(1) 近场测量成本低,且算得的远场方向图的精度比直接的远场测量精度要高得多。

(2) 其信息量大,做一次测量就可以得到一个较大立体角域的三维方向图。

(3) 用这种方法测量大天线时,消除了远场尺寸的限制,克服了建造大型测试场的困难。

(4) 近场测量可以在室内进行,消除了天气的因素,可以全天候工作。

(5) 整个测量过程都是在计算机控制下自动完成的,具有较高的保密性。

该法也有缺陷:

(1) 测量系统复杂,制造成本昂贵。

(2) 在近场测量中,对探头的校准比在远场测量中对辅助天线的校准要更复杂、更全面,以便对探头的影响进行补偿。

(3) 由近场测量数据确定天线远场方向图,需要借助计算机完成大量运算,因而计算软件起着重要作用。

(4) 待测天线的方向图不能实时地获得。

3.3 天线方向图的测量

3.3.1 概述

天线方向图是用图示的方法来表示天线辐射能量在空间的分布。因为天线的方向性、增益、相位、极化特性可由完整的方向图中导出，所以把方向图作为天线最重要、最基本的参数来测量。方向图测量是在球面上进行的，一组方向图中只有角坐标是变量。方向图是个空间图形，如图3-16所示。

图3-16 立体方向图

实践中为了简便，常常取两个正交面的方向图，例如取垂直面和水平面得方向图进行讨论。天线的方向图可以用估计坐标绘制，也可以用笛卡儿坐标系绘制，如图3-17所示。这两种方法各有优缺点，极坐标系直观、简单，从方向图可以直接看出天线辐射场强的空间分布特性，但当天线方向图的主瓣窄而副瓣电平低时，极坐标绘制法暴露出缺点。直角坐标系易于显示天线方向图的主瓣窄而副瓣电平低时的场分布，但不直观，较难以直接看出天线辐射场强的空间分布特性。

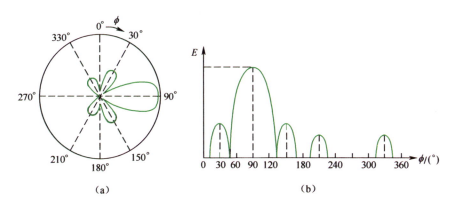

（a）　　　　　　　　　　（b）

图3-17 极坐标系方向图与笛卡儿坐标

3.3.2 测量方法

常用因定天线法及旋转天线法测量天线方向图。前者是待测天线不动,辅助天线绕待测天线转动;后者是待测天线绕自己的轴旋转而辅助天线不动。

1. 固定天线法

固定天线法常用于以下情况,大型固定地面天线或天线结构庞大笨重时,天线架设场地、环境作为辐射系统的一部分时,最后总体天线工程监定时。例如长、中、短波天线固定天线法可以有各种各样的实施方案。

以图 3-18 为例进行说明。测量水平面方向图时,事先用经纬仪在预定的测量区域选好一系列方位角,并在地面上标记离开天线距离大于最小测试距离的等距离测量点,将测量仪表装在车上,再沿所标测量点测量。

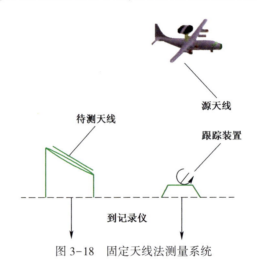

待测天线 源天线 跟踪装置 到记录仪

图 3-18　固定天线法测量系统

测量垂直面方向图时,常将仪表装在飞行器上,操纵它使其通过天线周围的指定空间。跟踪设备将飞行器的方向数据送到记录器的位置坐标上,用待测天线接收到的方向图响应数据控制记录笔的位置,最后就能按要求的形式画出天线方向图。

飞行器可以是一般的飞机、直升机、小型飞船或气球。当远区距离大于飞行器最大航程时,可以利用卫星、太阳或射电星等。

飞机或直升机上的天线与待测天线相对姿态在测量过程中应保持不变。

机上辅助天线的形式决定于待测天线极化。水平极化常用钢索对称振子天线,垂直极化多用尾帽天线、机身刀形天线等。

在测量中,由于发射功率、接收灵敏度、相对极化都可能变化,因而需要引进一个参考天线。参考天线应尽可能靠近待测天线,把接收信号与参考天线归一化就能基本消除各种变化因素的影响,参考天线还可以作为测量增益和极化的设备。

用固定天线法需要精心设计,相互紧密配合,否则将引入较大误差。

2. 旋转天线法

旋转天线法是最基本也是最常用的方向图测量方法,如图3-19所示。待测天线也可以作为反射天线,但通常作为接收天线进行方向图测量比较简便。测量时旋转被测天线,记录因天线方向改变而引起的场强的变化,绘出场强随方向变化的图形即得方向图。

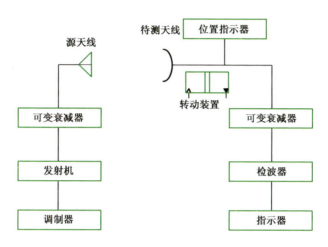

图3-19　旋转天线测量法示意图

测量步骤大致为:

(1) 根据要求确定球坐标取向和控制台;

(2) 确定最小测试距离和天线架设高度;

(3) 进行电道估算,选择测量仪器;

(4) 收发天线应架在同一高度上(用俯仰在方位上的转台或简单方位转台时)。并将转台调到水平;

(5) 检查周围的反射电平及必须具备的测量条件;

(6) 转台的转轴应尽可能通过待测天线相位中心;

(7) 转动待测天线,使准备测试方向图的平面为水平面,并使辅助天线极化与待测场极化一致;

(8) 将收发天线最大方向对准,调整检波器与测量放大器(或接收机)使接收指示最大;

(9) 旋转待测天线,记录接收信号,特别留心测量主瓣宽度和副瓣电平。对副瓣有严格要求时应用精密可变衰减器读数。垂直面方向图测量方法同上,只要将天线变成俯仰转动或将待测天线极化旋转90°在水平面测量;

(10) 如果待测天线为椭圆极化,且方向图形状比较复杂时,必须在同一平面内测量两个正交的分量方向图；

(11) 改变频率重复上述测试过程。

3.4　天线增益测量

3.4.1　概述

增益是天线极为重要的一个参数，用它可以衡量天线辐射能量的集中程度。我们知道，方向图仅描述天线的辐射场强（或功率）在空间的相对分布，为了定量描述天线在某一特定方向上辐射能量的集中程度，需引入天线方向性系数这一参数。

天线在某一方向 (θ,φ) 上的方向系数 $D(\theta,\varphi)$ 定义为天线在该方向上辐射功率密度 $p(\theta,\phi)$ 与天线在各方向的平均辐射功率密度之比，即

$$D(\theta,\varphi) = \frac{p(\theta,\phi)}{P_r/(4\pi r^2)} \qquad (3-15)$$

式中：P_r 为天线的总辐射功率。

天线在某一方向 (θ,φ) 上的增益 $G(\theta,\varphi)$ 定义为天线在该方向上的辐射功率密度 $p(\theta,\phi)$ 与有相同输入功率的理想点源天线的辐射功率密度之比，即

$$G(\theta,\varphi) = \frac{p(\theta,\phi)}{P_{in}/(4\pi r^2)} \qquad (3-16)$$

式中：P_{in} 为天线的输入功率。

显然，天线方向性系数与增益有如下关系：

$$G(\theta,\varphi) = \eta_A \cdot D(\theta,\varphi) \qquad (3-17)$$

式中：η_A 为天线的效率，$\eta_A = \dfrac{P_r}{P_{in}}$。

实际应用中，一般是指最大辐射方向上的方向性系数和增益，故

$$G = \eta_A \cdot D \qquad (3-18)$$

当天线效率为 1 时，天线增益就等于方向性系数。

有些天线的理论计算分析比较成熟，增益的理论计算值与实验结果又比较吻合，故可以直接由理论计算来求得这类天线的增益，但一些天线需要通过实际测量来确定其增益。

3.4.2　增益的测量方法

用什么方法来测量天线增益，在很大程度上取决于天线的工作频率。例如，对工作在 1GHz 以上频段上的天线，常用自由空间测试场地，把喇叭作为标准增益天线，用比较法测量天线增益。对工作在 0.1~1GHz 频段上的天线，由于很难

或者无法模拟自由空间测试条件,故此时常用地面反射测试场确定天线的增益。对飞行器(飞机、导弹、卫星、火箭等)天线,由于飞行器往往是天线辐射体的一部分,在此情况下多采用模型天线理论。按照天线模型理论,除要求按比例选择天线的电尺寸、几何形状及它的工作环境外,还必须按比例改变天线和飞行器导体的电导率,而后者在实际中却无法实现,故一般只用模型天线模拟实际天线的方向图,再由实测方向图用方向图积分法确定实际天线的方向增益。如果能用其他方法确定天线的效率,将方向增益与效率相乘就得到了实际天线的功率增益。对工作频率低于 0.1GHz 的天线,由于地面对天线的电性能有明显的影响,加之工作在该频段上定向天线的尺寸又很大,所以只能在原地测量其增益。对工作频率低于 1MHz 的天线,一般不测量天线增益,只测量天线辐射地的场强。

　　测量天线增益的方法通常分为两类:绝对增益测量和相对增益测量。具体测量方法又可分为比较法、两相同天线法、三天线法、镜像法、外推法、辐射计法,以及通过测量与增益有关的其他参数而求出天线增益等方法。比较法属相对增益测量,其他方法都属绝对增益测量。比较法只能确定待测天线的增益;绝对增益测量不仅可以确定待测天线的增益,而且可以确定标准天线的增益。

　　1. 比较法

　　比较法的实质就是把待测天线的增益与已知标准天线的增益进行比较而得出待测天线的增益。根据互易原理,可以把待测天线作发射使用,也可作接收使用。在 UHF、VHF 频段,多把半波偶极子天线作为标准增益天线;在微波波段,多采用喇叭形天线作为标准增益天线。天线增益的测试框图如图 3-20 所示,图中将标准天线和被测天线当作接收天线,也可以将它们当作发射天线。发射天线与接收天线之间的距离 R 满足远场测试条件。测试的简要步骤如下:

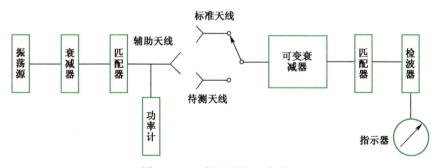

图 3-20　比较法测量天线增益

　　(1) 将辅助天线接入发射端,调整匹配,使输出功率最大。

　　(2) 将标准天线接入接收端,让收、发天线最大辐射方向对准,并调整匹配,使指示器读数最大。

　　(3) 调节可变衰减器,使指示器指示某一适当值 A,记下可变衰减器读数 N1。

（4）取下标准天线,换接待测天线,调整匹配,使指示器指示最大。

（5）再调节可变衰减器,使指示器读数仍保持先前的 A,记下可变衰减器读数 N2。

（6）将测试结果及标准天线增益值 G_s 代入下式求得待测天线的增益。

$$G = G_s \frac{P_s}{P} \tag{3-19}$$

当用比较法测量增益时,标准天线的增益 G_s 与待测天线的增益 G 差别不能太大,一般不超过 20dB,否则测量误差将增大。

2. 两相同天线法

两相同天线法如图 3-21 所示,若两副待测天线,设天线 1 作为发射天线,天线 2 作为接收天线,收发天线均与传输线匹配,两天线相隔 $R = 2D^2/\lambda$。设输入到天线 1 的输入功率为 P_{1in},那么在天线 2 处的辐射功率密度为

$$p_2 = \frac{P_{1in} G_1}{4\pi R^2} \tag{3-20}$$

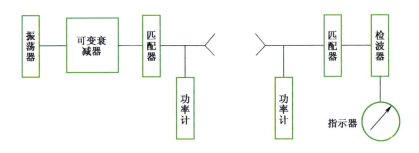

图 3-21　两相同天线法

而天线 2 的有效接收面积为

$$S_{2e} = \frac{G_2 \lambda^2}{4\pi} \tag{3-21}$$

因此,当两天线最大辐射方向对准时,天线 2 的接收功率为

$$P_{2R} = S_{2e} p_2 = \frac{P_{1in} G_1 G_2 \lambda^2}{(4\pi R)^2} \tag{3-22}$$

上式也称弗利斯传输公式,可变换为

$$G_1 G_2 = \left(\frac{4\pi R}{\lambda}\right)^2 \frac{P_{2R}}{P_{1in}} \tag{3-23}$$

假设两副天线的几何结构和电性能完全一致,即 $G_1 = G_2 = G$,则

$$G = \frac{4\pi R}{\lambda} \sqrt{\frac{P_{2R}}{P_{1\text{in}}}} \qquad (3-24)$$

可见,用两副完全一致的天线,只要测得收发天线的距离,工作波长及接收天线的接收功率与发射天线的输入功率之比,就可由式(3-24)得到天线的增益。

在实际中,为了消除由于加工引起的误差,可把收发天线互换,再测一遍,取其平均值。

3. 镜像法

镜像法是两相同天线法的发展,它的基本原理是把两相同天线法中一个天线用在无限大理想导电平面上天线的镜像来代替,所以该法只有一个天线,这是它的最大优点。镜像法的测试系统如图3-22所示。

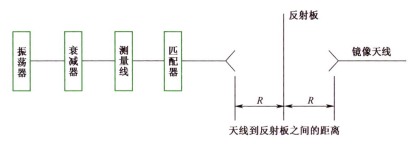

图 3-22　镜像法测试系统

根据电磁场理论,当金属反射板足够大时,根据镜像原理,反射板的作用是好像距发射天线 $2R$ 处有一个镜像天线存在,这个镜像天线相当于一个接收天线,如果发射功率为 $P_{t\text{in}}$,则根据式(3-24),天线增益为

$$G = \frac{4\pi(2R)}{\lambda} \sqrt{\frac{P_R}{P_{t\text{in}}}} \qquad (3-25)$$

式中:接收功率 P_R 实际上是由于反射板的反射后再进入发射天线的功率,它可以用反射系数模来表示,即

$$|\Gamma| = \sqrt{\frac{P_R}{P_{t\text{in}}}} \qquad (3-26)$$

反射系数与驻波系数之间有以下关系

$$|\Gamma| = \frac{\rho - 1}{\rho + 1} \qquad (3-27)$$

由式(3-25)~式(3-27),可得

$$G = \frac{8\pi R}{\lambda}\left(\frac{\rho - 1}{\rho + 1}\right) \qquad (3-28)$$

因此,只要测得工作波长、天线到反射板的距离及驻波系数,就可以得到待测天线的增益。为了提高测量精度,应改变距离进行多次测量。

镜像法能精确测量喇叭一类天线的增益。对电尺寸较大的天线,由于所需反射屏的尺寸太大而不便使用。

4. 三天线法

采用"两相同天线法"测量天线增益时,要求两副天线的结构与电性能完全一致,镜像法又要有足够大的反射金属屏,这两种要求实施上都不易满足,故其测量结果的精度受到一定的影响。如果有三副以上的天线就可以采用三天线法,它可以进行三次测试,就可分别求出三副天线的绝对增益。

令三副待测天线的增益分别为 G_1、G_2 和 G_3,假设增益为 G_1 的天线作为发射天线,增益为 G_2 的天线作为接收天线,分别与传输线相匹配,则由式(3-23)可得

$$G_1 G_2 = \left(\frac{4\pi R}{\lambda}\right)^2 \frac{P_{2R}}{P_{1\text{in}}} \tag{3-29}$$

同理,若将增益为 G_2 的天线作为发射天线,G_3 天线作为接收天线;再将 G_3 天线作为发射天线,G_1 天线作为接收天线,则分别有

$$G_2 G_3 = \left(\frac{4\pi R}{\lambda}\right)^2 \frac{P_{3R}}{P_{2\text{in}}} \tag{3-30}$$

$$G_3 G_1 = \left(\frac{4\pi R}{\lambda}\right)^2 \frac{P_{1R}}{P_{3\text{in}}} \tag{3-31}$$

联立求解式(3-29)~式(3-31),就能求出每个天线的增益,在保证测量距离相同的情况下,其值分别为

$$\begin{cases} G_1 = \dfrac{4\pi R}{\lambda} \sqrt{\dfrac{P_{1R}}{P_{3\text{in}}} \cdot \dfrac{P_{2\text{in}}}{P_{3R}} \cdot \dfrac{P_{2R}}{P_{1\text{in}}}} \\[3mm] G_2 = \dfrac{4\pi R}{\lambda} \sqrt{\dfrac{P_{3R}}{P_{2\text{in}}} \cdot \dfrac{P_{2R}}{P_{1\text{in}}} \cdot \dfrac{P_{3\text{in}}}{P_{1R}}} \\[3mm] G_3 = \dfrac{4\pi R}{\lambda} \sqrt{\dfrac{P_{1R}}{P_{3\text{in}}} \cdot \dfrac{P_{3R}}{P_{2\text{in}}} \cdot \dfrac{P_{1\text{in}}}{P_{2R}}} \end{cases} \tag{3-32}$$

3.5 天线极化测量

3.5.1 概述

极化和场的振幅、相位一样也是表征电磁场基本特征的物理量。所谓的极

化,是指在与波的传播方向垂直的平面内,电场矢量 E 随时间变化一周期,电场矢量终端所绘出的轨迹,如图 3-23 所示。如果电场矢量终端所绘出的轨迹是直线,称为线极化。如果是椭圆,则称椭圆极化。还有一种形式是圆极化。一般情况下,可将线极化和圆极化看作椭圆极化的两种特殊情况。

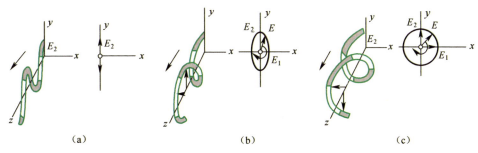

(a)   (b)   (c)

图 3-23 极化的三种形式

描述椭圆极化的参数有:旋向、轴比 γ 和倾角 β。

旋向:如果用右手的拇指指向波的传播方向,其他四指所指的方向正好与电场矢量运动的方向相同,这个波右旋椭圆极化波,如果一个波可以用左手来表示,它就是左旋极化波。

轴比:椭圆的长轴 e_1 和短轴 e_2 之比,定义为轴比 γ,即

$$\gamma = \frac{e_1}{e_2} \tag{3-33}$$

用分贝表示的轴比 AR 为

$$AR = 20\log\gamma \tag{3-34}$$

倾角:倾角 β 与坐标系的选择有关,如图 3-24 所示的椭圆极化,由 E 沿右旋至椭圆 e_1 方向的夹角,定义为倾角 β。

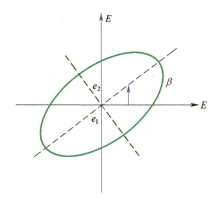

图 3-24 椭圆极化倾角

3.5.2　极化的测量方法

天线的极化特征,目前大多采用轴比 γ,旋向和倾角 β 三个参数来评定,因此测量天线的极化特征就是直接或间接地测量这三个参数。

由于天线辐射场是有方向性的,因此极化也是具有方向性的。多数情况下,天线极化参数的测量主要是针对天线特定方向来进行的,如天线主波束最大辐射方向,或主波束半功率点方向等,但有时也测量一定立体角范围内的天线极化特性,即极化方向图。

在测量天线极化参数时,除了要满足天线测量的一些共同要求外,还要注意以下事项:

(1)极化参数都是在一定坐标系中定义的,因此进行极化测量必须准确标定坐标系统。坐标选择要符合定义,并和计算公式相一致,待测天线和辅助天线间必须选用统一的坐标系。

(2)要求在无反射条件下进行测量。多路径效应虽然在天线的其他测量中也是有害的,但对极化测量的精度影响最大,这是因为物体对电波反射的大小和相位,跟极化状态有密切关系。

(3)除三天线绝对法外,所有极化测量方法都要求事先提供一副或多副已知极化参数的辅助天线作为基准,因此选择基准天线及对基准天线的极化参数进行校准是极化测量的必备条件之一。

测定天线特定方向上的极化特性的方法很多,大致分为三类。

(1)部分测定法:这种方法只能测量部分极化参数。

(2)比较法:这种方法需要一副已知极化参数的辅助天线作为测量时的参考,这种方法可测出全部极化参数。

(3)绝对法:这种方法也可测出全部极化参数,但不需要参考天线,如三天线法。

测量方法的选择主要依据天线的形式,要求的精度,时间以及资金状况。

极化图法是一种最简便、直接且常用的方法,该法通常用线极化辅助天线测出轴比和倾角,用两副旋向相反的圆极化天线来确定旋向。

图 3-25 为极化图法测量装置,测量时,主要测量设备和方向图测量相同,只是增加了辅助天线绕本身机械轴可以旋转的装置。测量注意事项:

(1)如果两正交极化分量是由同一口径面产生,则振幅和初始相位随距离的变化将服从同一规律,极化特性不依赖于距离,因此原则上测量距离可移近些,但要注意使天线间的多次耦合尽可能小些。

(2)要防止地面、墙壁、天花板及其他周围物体反射和散射的影响,因为反射波对两个正交分量的反射振幅和相位是不相同的,所以影响极化特性。

(3)应保证辅助天线在垂直来波方向的平面内转动,否则将引起误差。

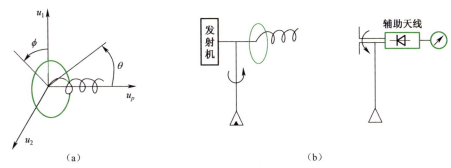

（a）　　　　　　　　　　　　　　　　（b）

图 3-25　极化图法测量装置示意图

参考文献

[1] 毛乃宏,俱新德,等.天线测量手册[M].北京:国防工业出版社,1987.

[2] 戴军,黄纪军,莫锦军.现代微波与天线测量技术[M].北京:电子工业出版社,2008.

第4章

典型天线介绍

4.1　线天线

横向尺寸远小于纵向尺寸,并小于波长的细长结构的天线称为线天线(Linear Antenna),它们广泛地应用于通信、雷达等无线电系统中。

4.1.1　对称振子天线

对称振子天线的长度可与波长相比拟。对称振子天线是由两根粗细和长度都相同的导线构成。中间为两个馈电端,如图4-1所示。这是一种应用广泛且结构简单的基本线天线。假如天线上的电流分布是已知的,则由电基本振子的辐射场沿整个导线积分,便得对称振子天线的辐射场。然而,即使振子是由理想导体构成的,要精确求解这种几何结构简单、直径为有限值的天线上的电流分布仍然是很困难的。实际上,细振子天线可看成是开路传输线逐渐张开而成,如图4-2所示。当导线无线细时($l/a \rightarrow \infty$, a 为导线半径),张开导线如图4-2(c)所示,其电流分布与无耗开路传输线上的完全一致,即按正弦驻波分布。

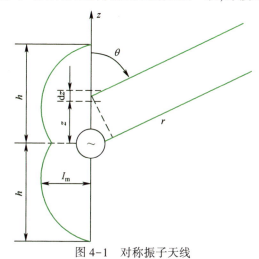

图4-1　对称振子天线

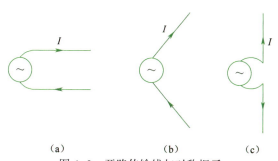

（a）　　　　　　　　　（b）　　　　　　　　　（c）

图4-2　开路传输线与对称振子

（a）开路传输线;（b）开路传输线终端张开;（c）对称振子天线。

4.1.2　直立振子天线与水平振子天线

1. 直立振子天线

垂直于地面或导电平面架设的天线称为直立振子天线（Vertical Antenna），它广泛地应用于长、中、短波及超短波波段。假设地面可视为理想导体，则地面的影响可用天线的镜像来替代，如图4-3(a)、(c)所示，单极天线（Monopole Antenna）可等效为一对称振子，如图4-3(b)所示，对称振子可等效为一二元阵，如图4-3(d)所示。但应指出的是此等效只是在地面或导体的上半空间成立。

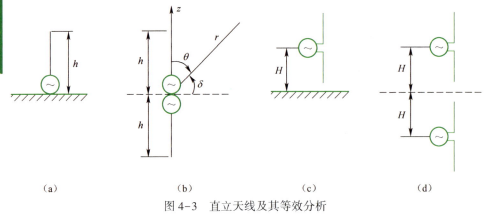

| (a) | (b) | (c) | (d) |

图4-3　直立天线及其等效分析

由于单极天线的高度往往受到限制，辐射电阻较低，而损耗电阻较大，致使天线效率很低，因此提高单极天线的效率是十分必要的。从前面的分析可知，提高单极天线效率的方法有两种：一是提高辐射电阻；二是降低损耗电阻。

单极天线的方向增益较低。要提高其方向性，在超短波波段也可以采用在垂直于地面的方向上排阵，这就是直立共线阵。

2. 水平振子天线

水平振子天线（Horizontal Dipole Antenna）经常应用于短波通信、电视或其他无线电系统中，这主要是因为：

（1）水平振子天线架设和馈电方便。

（2）地面电导率的变化对水平振子天线的影响较直立天线小。

（3）工业干扰大多是垂直极化波，因此用水平振子天线可减小干扰对接收的影响。

4.1.3　引向天线与电视天线

1. 引向天线

引同天线又称八木天线。它由一个有源振子及若干个无源振子组成，其结构如图4-4所示。在无源振子中较长的一个为反射器（Reflector），其余均为引向器(Director)。它广泛地应用于米波、分米波波段的通信、雷达、电视及其他无线电系统中。

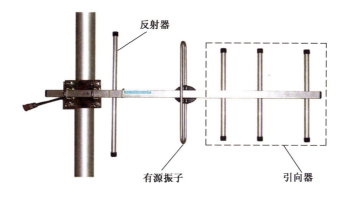

图4-4 引向天线示意图

引向天线由于其结构简单、牢固,方向性较强及增益较高等特点,广泛地用作米波和分米波段的电视接收天线,其主要缺点是频带较窄。

2. 电视发射天线

电视发射天线的特点:

(1)频率范围宽。我国电视广播所用的频率范围:1~12频道(VHF频段)为48.5~223MHz;13~68频道(UHF频段)为470~956MHz。

(2)覆盖面积大。

(3)在以零辐射方向为中心的一定的立体角所对的区域内,电视信号变得十分微弱,因此零辐射方向的出现,对电视广播来说是不好的。

(4)由于工业干扰大多是垂直极化波,因此我国的电视发射信号采用水平极化,及天线及其辐射电场平行于地面。

(5)为了扩大服务范围,发射天线必须架在高达建筑物的顶端或专用的电视塔上。这就要求天线必须承受一定的风荷、防雷等。

以上这些特点除了要求电视发射天线功率大、频带宽、水平极化,还要求天线在水平面内无方向性,而在铅垂平面有较强的方向性。

4.1.4 移动通信基站天线

1. 移动通信基站天线的特点

移动通信是指通信双方至少有一方在移动中进行信息传输和交换。也就是说,通信中的用户可以在一定范围内自由活动,因此其通信的运行环境十分复杂,多径效应、衰落现象及传输损耗等都比较严重,而且移动通信的用户由于受使用条件的限制,只能使用结构简单、小型轻便的天线。这就对移动通信基站天

线提出了一些特殊要求,具体如下:

(1) 尽可能避免地形、地物的遮挡,天线应架设在很高的地方,这就要求天线有足够的机械强度和稳定性。

(2) 为使用户在移动状态下使用方便,天线应采用垂直极化。

(3) 根据组网方式的不同,如果是顶点激励,采用扇形天线;如果是中心激励,采用全向天线。

(4) 为了节省发射机功率,天线增益应尽可能地高。

(5) 为了提高天线的效率及带宽,天线与馈线应良好地匹配。

目前,陆地移动通信使用的频段为 150MHz(VHF)和 450MHz、900MHz(UHF)、1800MHz。

2. 移动通信基站天线

VHF 和 UHF 移动通信基站天线一般是由馈源和角形反射器两部分组成的,为了获得较高的增益,馈源一般采用并馈共轴阵列和串馈共轴阵列两种形式;而为了承受一定的风荷,反射器可以采用条形结构,只要导线之间距 $d < 0.1\lambda$,它就可以等效为反射板。两块反射板构成 120°角形反射器,如图 4-5 所示。反射器与馈源组成扇形定向天线,3 个扇形定向天线组成全向天线。

并馈共轴阵列如图 4-6 所示,由功分器将输入信号均分,然后用相同长度的馈线将其分别送至各振子天线上。由于各振子天线电流等幅、同相,根据阵列天线的原理,其远区场同相叠加,因而其方向性得到加强。

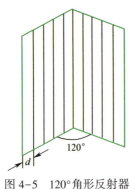

图 4-5　120°角形反射器

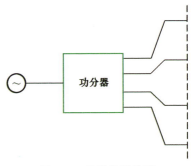

图 4-6　并馈共轴阵列

串馈共轴阵列如图 4-7 所示,关键是利用 180°移相器,使各振子天线上的电流分布相位接近同相,以达到提高方向性的目的。为了缩短天线的尺寸,实际中还采用填充介质的垂直同轴天线,其结构原理如图 4-8(a)所示。辐射振子就是同轴线的外导体,而在辐射振子与辐射振子的连接处,同轴线的内外导体交叉连接成如图 4-8(b)所示的结构。

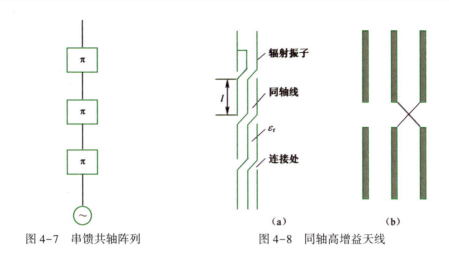

图 4-7　串馈共轴阵列　　　　　　　图 4-8　同轴高增益天线

为使各辐射振子的电流等幅同相分布,则每段同轴线的长度为

$$l = \frac{\lambda_g}{2} \tag{4-1}$$

式中:λ_g 为工作波长。

若同轴线内部充以介电常数为 $\varepsilon_r = 2.25$ 的介质,则每段同轴线的长度为

$$l = \frac{\lambda_g}{2} = \frac{\lambda}{2\sqrt{\varepsilon_r}} = \frac{\lambda}{3} \tag{4-2}$$

式中:λ 为自由空间波长。

可见,这种天线具有体积小、增益高、垂直极化、水平面内无方向性的特点。如果加角形反射器后,增益将更高。

4.1.5　螺旋天线

将导线绕制成螺旋形线圈而构成的天线称为螺旋天线(Helical Antenna)。通常它带有金属接地板(或接地网栅),由同轴线馈电,同轴线的内导体与螺旋线相接,外导体与接地板相连,其结构如图 4-9 所示。螺旋天线是常用的圆极化天线。

螺旋天线的参数有:螺旋直径 $d = 2b$,螺距 h,圈数 N,每圈的长度 c,螺距角 δ,轴向长度 L。

这些几何参数之间的关系为

$$\begin{cases} c^2 = h^2 + (\pi d)^2 \\ \delta = \arctan \dfrac{h}{\pi d} \\ L = Nh \end{cases} \tag{4-3}$$

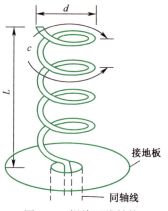

图 4-9　螺旋天线结构

螺旋天线的辐射特性与螺旋的直径有密切关系,具体如下:

(1) 当 $d/\lambda < 0.18$ 时,天线的最大辐射方向在与螺旋轴线垂直的平面内,称为法向模式,此时天线称为法向模式天线,如图 4-10(a)所示。

(2) 当 $d/\lambda \approx 0.25 \sim 0.46$ 时,即螺旋天线一圈的长度 c 在一个波长左右时,天线的辐射方向在天线的轴线方向,此时天线称为轴向模式天线,如图 4-10(b)所示。

(c) 当 $d/\lambda > 0.5$ 时,天线的最大辐射方向偏离轴线分裂成两个方向,方向图呈圆锥形状,如图 4-10 (c) 所示。

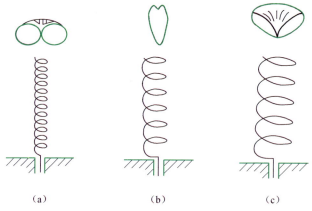

(a)　　　　　　　　(b)　　　　　　　　(c)

图 4-10　螺旋天线的辐射特性与螺旋的直径的关系

(a)法向模式天线;(b)轴向模式天线;(c)圆锥形模式天线。

4.1.6　行波天线

前面讲的振子型天线,其电流为驻波分布,如对称振子的电流分布为

$$I(z) = I_{\mathrm{m}}\sin\beta(h - z) = \frac{I_m}{2j}\mathrm{e}^{\mathrm{j}\beta h}(\mathrm{e}^{-\mathrm{j}\beta z} - \mathrm{e}^{\mathrm{j}\beta z}) \tag{4-4}$$

式中:第一项为从馈电点向导线末端传输的行波;第二项为从末端反射回来的从导线末端向馈电点传输的行波;负号表示反射系数为-1。

当终端不接负载时,来自激励源的电流将在终端全部被反射。这样,振幅相等、传输方向相反的两个行波叠加就形成了驻波。凡天线上电流分布为驻波的均称为驻波天线(Standing-Wave Antenna)。驻波天线是双向辐射的,输入阻抗具有明显的谐振特性,因此,一般情况下工作频带较窄。

如果天线上电流分布是行波,则此天线称为行波天线(Traveling-Wave Antenna),如图 4-11 所示。通常,行波天线是由导线末端接匹配负载来消除反射波而构成的。最简单的有行波单导线天线、V 形天线和菱形天线等,它们都具有较好的单向辐射特性、较高的增益及较宽的带宽,因此在短波、超短波波段都获得了广泛的应用。但由于部分能量被负载吸收,所以天线效率不高。

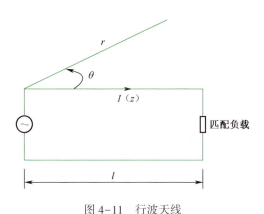

图 4-11　行波天线

1. 行波单导线天线的方向图

若天线终端接匹配负载,则天线上电流为行波分布:

$$I(z) = I_0\mathrm{e}^{-\mathrm{j}\beta z} \tag{4-5}$$

忽略地面的影响,单根行波单导线的方向函数为

$$F(\theta) = \frac{\sin\theta\sin\left[\dfrac{\beta l}{2}(1 - \cos\theta)\right]}{1 - \cos\theta} \tag{4-6}$$

图 4-12(a)和(b)分别为行波单导线长度为 $l = 4\lambda$, 8λ 时的方向图。

由图 4-12 可见,行波天线是单方向辐射的,其最大辐射方向随电长度 l/λ 的变化而变化,旁瓣电平较高且瓣数较多,与其他类型天线相比,相对其电尺寸而言增益是不高的。但这些不足可以利用排阵的方法来进行改善。

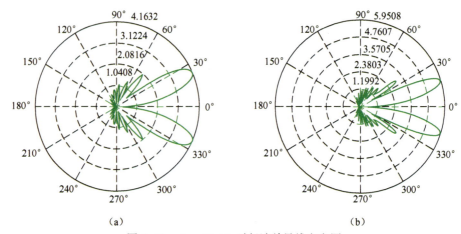

（a）　　　　　　　　　　（b）

图 4-12　$l = 4\lambda, 8\lambda$ 时行波单导线方向图

2. V 形天线和菱形天线

　　用两根行波单导线可以组成 V 形天线(Vee Antenna)。对于一定长度的行波单导线,适当选择张角可以在张角的平分线方向上获得最大辐射,如图 4-13 所示。

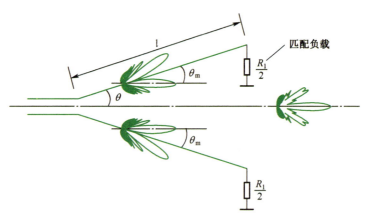

匹配负载

图 4-13　V 形天线($l/\lambda = 10, \theta = 15°$)

　　由于 l/λ 较大时,工作波长改变而最大辐射方向 θ_m 变化不大,因此 V 形天线具有较好的方向图宽频带特性和阻抗宽频带特性。由于其结构及架设特别简单,适合用于短波移动式基站中。

　　目前,另一种被广泛应用于短波通信和广播、超短波散射通信的行波天线是由四根行波单导线连接成菱形的天线即菱形电线(Rhombic Antenna)。它可以看成是由两个 V 形天线在开口端相连而成,其工作原理与 V 形天线相似。载有行波电流的四个臂长相等,它们的辐射方向图完全相同,如图 4-14 所示。适当选择菱形的边长和顶角2θ,可以在对角线方向获得最大辐射。

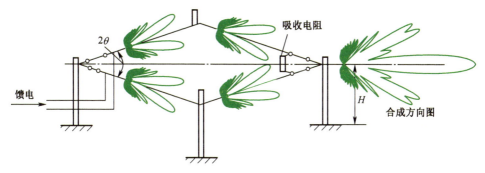

图4-14　菱形天线及其平面方向图

4.1.7　宽频带线天线

在许多场合中,要求天线有很宽的工作频率范围。按工程上的习惯用法,若天线的阻、方向图等电特性在一倍频程($f_{\min}/f_{\max}=2$)或几倍频程范围内无明显变化,就可称为宽频带天线;若天线能在更大频程范围内(如$f_{\min}/f_{\max}\geqslant10$)工作,而其阻抗、方向图等电特性几乎不变时,就称为非频变天线(Frequency-Independent Antenna)。

1. 非频变天线的条件

由前面的分析可知:驻波天线的方向图和阻抗对天线电尺寸的变化十分敏感。能否设计一种天线,当工作频率变化时,天线的尺寸也随之变化,即保持电尺寸不变,则天线能在很宽频带范围内保持相同的辐射特性,这就是非频变特性。事实上,天线只要满足以下两个条件,皆可以实现非频变特性。

(1) 角度条件。

天线的形状仅取决于角度,而与其他尺寸无关,即

$$r = r_0 e^{a\varphi} \tag{4-7}$$

换句话说,当工作频率变化时,天线的形状、尺寸与波长之间的相对关系不变。

(2) 终端效应弱。

实际天线的尺寸总是有限的,有限尺寸的结构不仅是角度的函数,也是长度的函数。因此,当天线为有限长时,是否具有近似无限长时的特性,是能否构成实际的非频变天线的关键。如果天线上电流衰减得很快,则决定天线辐射特性的主要是载有较大电流的那部分,而其余部分作用较小,若将其截去,对天线的电性能影响不大,这样有限长天线就具有近似无限长天线的电性能,这种现象就称为终端效应弱。终端效应强弱取决于天线的结构。

满足上述两条件,即构成非频变天线。非频变天线分为两大类:等角螺旋天

线和对数周期天线。

2. 平面等角螺旋天线

图 4-15 所示是由两个对称臂组成的平面等角螺旋天线(Planar Equiangular Spiral Antenna),它可看成是一变形的传输线,两个臂的四条边由下述关系确定:

$$r = r_0 e^{a\varphi}, r = r_0 e^{a(\varphi-\delta)}, r = r_0 e^{a(\varphi-\pi)}, r = r_0 e^{a(\varphi-\pi-\delta)} \tag{4-8}$$

在螺旋天线的始端由电压激励激起电流并沿两臂传输。当电流传输到两臂之间近似等于半波长区域时,便在此发生谐振,并产生很强的辐射,而在此区域之外,电流和场很快衰减。当增加或降低工作频率时,天线上有效辐射区沿螺旋线向里或向外移动,但有效辐射区的电尺寸不变,使得方向图和阻抗特性与频率几乎无关。实验证明:臂上电流在流过约一个波长后迅速衰减到 20dB 以下,因此其有效辐射区就是周长约为一个波长以内的部分。

图 4-15　平面等角螺旋天线

平面等角螺旋天线的辐射场是圆极化的,且双向辐射计在天线平面的两侧各有一个主波束,如果将平面的双臂等角螺旋天线绕制在一个旋转的圆锥面上,则可以实现锥顶方向的单向辐射,且方向图仍然保持宽频带和圆极化特性。平面和锥面等角螺旋天线的频率范围可以达到 20 倍频程或者更大。

3. 对数周期天线

1) 齿状对数周期天线

对数周期天线(Log-Periodic Dipole Antenna)的基本结构是将金属板刻成齿状,如图 4-16 所示。图中,齿是不连续的,其长度是由原点发出的两根直线之间的夹角所决定,相邻两个齿的间隔是按照等角螺旋天线设计中相邻导体之间的距离设计的,即

$$\frac{r_{n+1}}{r_n} = \frac{r_0 e^{a(\varphi-\delta)}}{r_0 e^{a(\varphi+2\pi-\delta)}} = e^{-2\pi a} = \tau \text{ (小于 1 的常数)} \tag{4-9}$$

对于无限长的结构,当天线的工作频率变化 τ 倍,即频率从 f 变到 $\tau f, \tau^2 f$, $\tau^3 f \cdots$ 时,天线的电结构完全相同,因此在这些离散的频率点 $f, \tau f, \tau^2 f \cdots$ 上具有相同的电特性,但在 $f \sim \tau f, \tau f \sim \tau^2 f \cdots$ 等频率间隔内,天线的电性能有些变化,但只要这种变化不超过一定的指标,就可认为天线上基本上具有非频变特性。由于天线性能在很宽的频带范围内以 $\ln \dfrac{1}{\tau}$ 为周期重复变化,所以称为对数周期天线。

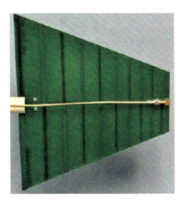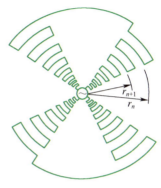

图 4-16　平面对数周期天线

实际上,天线不可能无限长,而齿的主要作用是阻碍径向电流。实验证明:齿片上的横向电流远大于径向电流,如果齿长恰等于谐振长度(即齿的一臂约等于 $\lambda/4$)时,该齿具有最大的横向电流,且附近的几个齿上也具有一定幅度的横向电流,而那些齿长远大于谐振长度的各齿,其电流迅速衰减到最大值的 30dB 以下,这说明天线的终端效应很弱,因此有限长的天线近似具有无限长天线的特性。

2) 对数周期偶极子天线

对数周期偶极子天线是由 N 个平行振子天线的结构依据下列关系设计的:

$$\frac{l_{n+1}}{l_n} = \frac{r_{n+1}}{r_n} = \frac{d_{n+1}}{d_n} = \tau \tag{4-10}$$

式中:l 为振子的长度;d 为相邻振子的间距;r 为由顶点到振子的垂直距离。其结构如图 4-17 所示,天线的几何结构主要取决于参数 τ、α 和 σ,它们之间满足下列关系:

$$\tan\alpha = \frac{l_n}{r_n} \tag{4-11}$$

$$\sigma = \frac{d_n}{4l_n} = \frac{l-\tau}{4\tan\alpha} \tag{4-12}$$

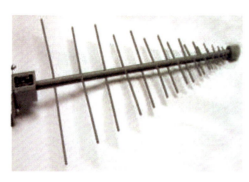
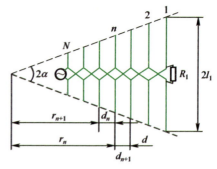

图 4-17　对数周期偶极子天线阵

N 个对称振子天线用双线传输线馈电,且两相邻振子交叉连接。当天线馈电后,能量沿双绞线传输,当能量行至长度接近谐振长度的振子,或者说振子的长度接近于半波长时,由于发生谐振,输入阻抗呈现纯电阻,所以振子上电流大,形成较强的辐射场,我们把这部分称为有效辐射区,有效区以外的振子,由于离谐振长度较远,输入阻抗很大,因而其上电流很小,它们对辐射场的贡献可以忽略。当天线工作频率变化时,有效辐射区随频率的变化而左右移动,但电尺寸不变,因而,对数周期天线具有宽频带特性,其频带范围为 10 或者是 15 倍频程。目前,对数周期天线在超短波和短波波段获得了广泛的应用。

对数周期天线是端射型的线极化天线,其最大辐射方向是沿连接各振子中心的轴线指向短振子方向,电场的极化方向平行于振子方向。

4.1.8　缝隙天线

如果在同轴线、波导管或空腔谐振器的导体壁上开一条或数条窄缝,可使电磁波通过缝隙向外空间辐射而形成一种天线,这种天线称为缝隙天线(Slot Antenna),如图 4-18 所示。由于缝隙的尺寸小于波长,且开有缝隙的金属外表面的电流将影响其辐射。因此对缝隙天线的分析一般采用对偶原理。

图 4-18　缝隙天线

1. 理想缝隙天线的辐射场

设 yOz 为无限大和无限薄的理想导电平板,在此面上沿 z 轴开一个长为 $2l$,宽为 $w(w \ll l)$ 的缝隙,不论激励(实际缝隙是由外加电压或电场激励的)方式如何,缝隙中的场总垂直于缝的长边,如图4-19(a)所示。因此,理想缝隙天线可等效为由磁流源激励的对称缝隙,如图4-19(b)所示,与之相对偶的是尺寸相同的板状对称振子,如图4-19(c)所示。

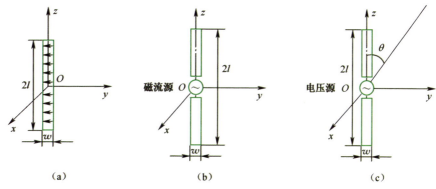

图 4-19 理想缝隙天线的辐射

(a)理想导电板上的缝隙;(b)对称缝隙;(c)板状振子天线。

而板状对称振子的远区场与细长圆柱对称振子的相同。根据本章前面的介绍,长度为 $2l$ 的对称振子的辐射场为

$$E_\theta = j60I_m \frac{\cos(kl\cos\theta) - \cos kl}{\sin\theta} \frac{e^{-jkr}}{r} \qquad (4-13)$$

其方向函数为

$$F(\theta) = \frac{\cos(kl\cos\theta) - \cos kl}{\sin\theta} \qquad (4-14)$$

根据对偶原理,理想缝隙天线的方向函数与同长度的对称振子的方向函数 E 面和 H 面相互交换,如图4-20所示。

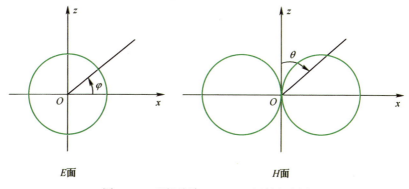

E面 H面

图 4-20 理想缝隙($2l = \lambda/2$)辐射方向图

2. 波导缝隙天线

实际应用的波导缝隙天线通常是开在传输 TE_{10} 模的矩形波导壁上的半波谐振缝隙,如果所开缝隙截断波导内壁表面电流(即缝隙不是沿电流线开),表面电流的一部分将绕过缝隙,另一部分则以位移电流的形式沿原来的方向流过缝隙,因而缝隙被激励,向外空间辐射电磁波如图 4-21 所示。纵缝"1,3,5"是由横向电流激励;横缝"2"是由纵向电流激励;斜缝"4"则是由与其长边垂直的电流分量激励。而波导缝隙辐射的强弱取决于缝隙在波导壁上的位置和取向。为了获得最强辐射,应使缝隙垂直截断电流密度最大处的电流线,即应沿磁场强度最大处的磁场方向开缝,如缝"1,2,3"。实验证明,沿波导缝隙的电场分布与理想缝隙的几乎一样,近似为正弦分布,但由于波导缝隙是开在有限大波导壁上的,辐射受没有开缝的其他三面波导壁的影响,因此是单向辐射,方向图如图 4-22 所示。

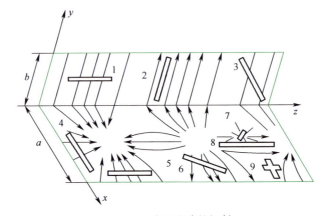

图 4-21 波导缝隙的辐射

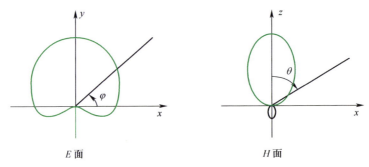

E 面   H 面

图 4-22 波导天线辐射方向图

单缝隙天线的方向性是比较弱的,为了提高天线的方向性,可在波导的一个壁上开多个缝隙组成天线阵。这种天线阵的馈电比较方便,天线和馈线一体,适当改变缝隙的位置和取向就可以改变缝隙的激励强度,以获得所需的方向性,其缺点是频带比较窄。

4.1.9 微带天线

微带天线(Microstrip Antenna)自20世纪70年代以来引起了广泛的重视与研究,各种形状的微带天线已在卫星通信、多普勒雷达及其他雷达导弹遥测技术以及生物工程等领域得到了广泛的应用。

1. 微带天线的结构及特点

微带天线是由一块厚度远小于波长的介质板(称为介质基片)和(用印制电路或微波集成技术)覆盖在它的两面上的金属片构成的,其中完全覆盖介质板一片称为接地板,而尺寸可以和波长相比拟的另一片称为辐射元,如图4-23所示。辐射元的形状可以是方形、矩形、圆形和椭圆形等。

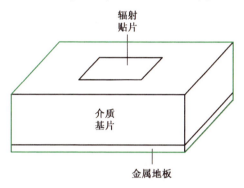

图4-23 微带天线的结构

如图4-24所示,微带天线的馈电方式分为两种:一种是侧面馈电,也就是馈电网络与辐射元刻制在同一表面;另一种是底馈,就是以同轴线的外导体直接与接地板相接,内导体穿过接地板和介质基片与辐射元相接。

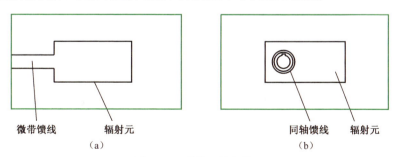

图4-24 微带天线的馈电
(a)侧馈;(b)底馈。

微带天线的主要特点有:体积小、重量轻、低剖面,因此容易做到与高速飞行器共形,且电性能多样化(如双频微带天线、圆极化天线等),尤其是容易和有源器件、微波电路集成为统一组件,因而适合大规模生产。在现代通信中,微带天线广泛地应用 100MHz～50GHz 的频率范围。

　　2. 微带天线的辐射原理

　　由于分析微带天线的方法不同，对它的辐射原理有不同的说法。为了简单起见，我们以矩形微带天线（Rectangular-Patch Microstrip Antenna）为例，用传输线模分析法介绍它的辐射原理。

　　设辐射元的长为 l，宽为 w，介质基片的厚度为 h。现将辐射元、介质基片和接地板视为一段长为 l 的微带传输线，在传输线的两端断开形成开路，如图 4-25 所示。

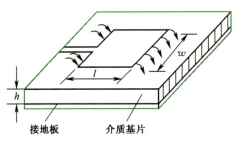

图 4-25　矩形微带天线开路端电场结构

　　根据微带传输线理论，由于基片厚度 $h \ll \lambda$，场沿 h 方向均匀分布。在最简单的情况下，场沿宽度 w 方向也没有变化，而仅在长度方向（$l \approx \lambda/2$）有变化，其场分布侧视图如图 4-26 所示。由图可见，在两开路端的电场均可以分解为相对于接地板的垂直分量和水平分量，两垂直分量方向相反，水平分量方向相同，因而在垂直于接地板的方向，两水平分量电场所产生的远区场同相叠加，而两垂直分量所产生的场反相相消。因此，两开路端的水平分量可以等效为无限大平面上同相激励的两个缝隙，如图 4-27 所示，缝的电场方向与长边垂直，并沿长边 w 均匀分布。缝的宽度为 $\Delta l \approx h$，长度为 w，两缝间距为 $l \approx \lambda/2$。这就是说，微带天线的辐射可以等效为由两个缝隙所组成的二元阵列。

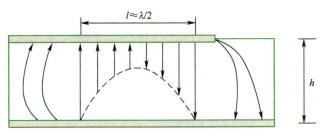

图 4-26　场分布侧视图

　　微带天线的缺点是波瓣较宽、方向系数较低、频带窄、损耗大、交叉极化大和单个微带天线的功率容量小等，但是由于微带制作阵元的一致性很好，且易于集成，故很多场合将其设计成微带天线阵，因此得到了广泛的应用。随着通信和新

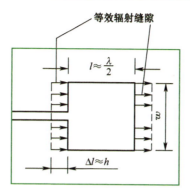

图 4-27 等效辐射缝隙

材料及集成技术的发展,微带天线必将在越来越多的领域发挥它的作用。

4.2 面天线

面天线又称口径天线,它所载的电流是沿天线体的金属表面分布,且面天线的口径尺寸远大于工作波长,面天线常用在无线电频谱的高频端,特别是微波波段。

4.2.1 旋转抛物面天线

旋转抛物面天线(Parabolic Reflector Antenna)是在通信、雷达和射电天文等系统中广泛使用的一种天线。旋转抛物面天线是由两部分组成的(图4-28),其一是抛物线绕其焦轴旋转而成的抛物反射面,反射面一般采用导电性能良好的金属或在其他材料上敷以金属层制成;其二是置于抛物面焦点处的馈源(也称照射器)。馈源把高频导波能量转变成电磁波能量并投向抛物反射面,而抛物反射面将馈源投射过来的球面波沿抛物面的轴向反射出去,从而获得很强的方向性。

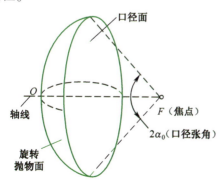
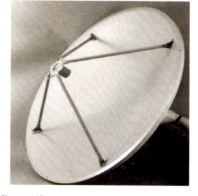

图 4-28 旋转抛物面天线

在实际应用中,有时需要波瓣偏离抛物面轴向做上下或左右摆动,或者使波瓣绕抛物面轴线做圆锥运动,也就是使波瓣在小角度范围内扫描,以达到搜索目标的目的。利用一种传动装置,使馈源沿垂直于抛物面轴线方向连续运动,即可实现波瓣扫描。在抛物面天线的焦点附近放置多个馈源,可形成多波束,用来发现和跟踪多个目标。

使馈源沿垂直于抛物面轴线的方向运动,即产生横向偏焦;使馈源沿抛物面轴线方向往返运动,即产生纵向偏焦。无论是横向偏焦还是纵向偏焦,它们都导致抛物面口径场相位偏焦。如果横向偏焦不大时,抛物面口径场相位偏焦接近于线性相位偏焦,正如前面介绍的,线性相位偏焦仅导致主瓣最大值偏离轴向,而方向图形状几乎不变;纵向偏焦引起口径场相位偏差是对称的,因此方向图也是对称的。纵向偏焦较大时,方向图波瓣变得很宽,这样,在雷达中一部天线可以兼作搜索和跟踪之用。大尺寸偏焦时用作搜索,正焦时用作跟踪。

4.2.2 卡塞格伦天线

卡塞格伦(Cassegrain)天线是双反射面天线(旋转抛物面做主反射面,旋转双曲面(Hyperbolic)作副反射面(Sub-reflector)),它已在卫星地面站、单脉冲雷达和射电天文等系统中广泛应用。与单反射面天线相比,它具有下列优点:

(1) 由于天线有两个反射面,几何参数增多,便于按照各种需要灵活地进行设计。

(2) 可以采用短焦距抛物面天线做主反射面,减小了天线的纵向尺寸。

(3) 由于采用了副反射面,馈源可以安装在抛物面顶点附近,使馈源和接收机之间的传输线缩短,减小了传输线损耗所造成的噪声。

卡塞格伦天线可以用一个口径尺寸与原抛物面相同、但焦距放大了 A 倍的旋转抛物面天线来等效,且具有相同的场分布(图4-29)。这样,就可以用前面介

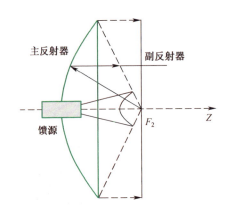

图 4-29 卡塞格伦天线

绍的旋转抛物面天线的理论来分析卡塞格伦天线的辐射特性及各种电参数。应当指出,由于这种等效方法是由几何光学定律得到的,而微波频率远低于光频,因此这种等效只能是近似的。尽管如此,在一般情况下,用它来估算卡塞格伦天线的一些主要性质还是非常有效的。

4.3 阵列天线

阵列天线是由许多相同的单个天线(如对称天线)按一定规律排列组成的天线系统,也称天线阵。组成天线阵的独立单元称为阵元或天线单元。按单元排列可分为线阵和面阵。最常用的线阵是各单元的中心依次等距排列在一直线上的直线阵。线阵的各单元也有不等距排列的,各单元中心也可以不排列在一直线上,例如排列在圆周上。多个直线阵在某一平面上按一定间隔排列就构成平面阵,若各单元的中心排列在球面上就构成球面阵。

阵列天线已经在民用、军事等多个领域得到了广泛的应用,其之所以取得成功主要因为具有以下几个特点:

(1)波束具有扫描特性,可以对目标进行快速适时的跟踪。

(2)具有同时产生多个波束的能力,可以同时对多个目标完成任务。

(3)具有高增益特性。

(4)工作于特定频段,易于实现。

4.4 智能天线

由于无线电频率资源的日益紧张,导致蜂窝系统的容量受到限制,因此把空域处理看作无线容量战中最后的阵地,从而引起对智能天线技术的重视。智能天线(图4-30)在蜂窝系统中的应用研究始于20世纪90年代初,人们希望通过引入智能天线来扩大系统容量,同时克服共信道、多径衰落等无线移动通信技术中急需解决的问题。使用智能天线技术的主要优点有:

(1)具有较高的接收灵敏度。

(2)使空分多址系统(DMA)成为可能。

(3)消除在上下链路中的干扰。

(4)抑制多径衰落效应。

智能天线将在以下几个方面提高移动通信系统的性能。

(1)提高通信系统的容量和频谱利用效率。

(2)增大基站的覆盖面积。

(3)提高数据传输速率。

（4）降低基站发射功率,节省系统成本,减少了信号干扰与电磁环境污染。

可见,智能天线技术对提高未来移动通信系统的性能起着举足轻重的作用,它已成为实现第三代移动通信的关键技术之一。

图4-30　智能天线

参考文献

[1] 刘学观,郭辉萍. 微波技术与天线[M]. 西安:西安电子科技大学出版社,2012.

第5章

天线的典型用途

5.1 卫星通信天线

5.1.1 卫星通信

卫星通信是指利用人造地球卫星作为中继站在两个或多个地球通信站之间进行的无线电通信。早在 1945 年,英国空军雷达专家 A. C. 克拉克就提出了利用卫星进行通信的设想。在《地球外的中继》一文中,克拉克设想在地球静止轨道即倾角为零的地球同步轨道上每隔 120° 放置一颗卫星,通过三颗这样的地球同步轨道卫星就可将无线电传播范围覆盖整个地球,从而实现全球通信,这就是最早的"卫星覆盖通信说"(图 5-1)。卫星通信所使用的无线电波频率为微波频段(300MHz~300GHz,即波段 1m~1mm)。用作无线电通信中继站的人造地球卫星统称为通信卫星。而通信卫星、地面站以及用户端就构成了卫星通信系统。通信卫星转发无线电信号,实现卫星通信地球站(含手机终端)之间或地球站与航天器之间的通信。

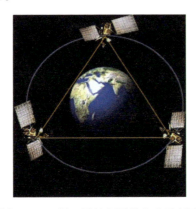

图 5-1　三颗卫星基本覆盖全球示意图

通信卫星的分类:

(1)按轨道的不同分为地球静止轨道通信卫星、大椭圆轨道通信卫星、中轨道通信卫星和低轨道通信卫星。

(2)按服务区域不同分为国际通信卫星、区域通信卫星和国内通信卫星。

(3)按用途的不同分为军用通信卫星、民用通信卫星和商业通信卫星。

(4)按通信业务种类的不同分为固定通信卫星、移动通信卫星、电视广播卫星、海事通信卫星、跟踪和数据中继卫星。

(5)按用途多少的不同分为专用通信卫星和多用途通信卫星。

1954 年 7 月美国海军利用月球表面对无线电波的反射进行了地球上两地的电话传输试验。试验成功后于 1956 年在华盛顿和夏威夷之间建立了通信业务。

1957 年 10 月 4 日苏联发射了世界上第一颗人造地球卫星——卫星 1 号（Спутник-1），其主要用途是测量 200～500km 高度的大气密度、压力、磁场、紫外线和 X 射线等数据。虽然卫星 1 号（图 5-2）并不是为了满足通信需求而发射，但它的成功使人们看到了实现卫星通信的希望。

继苏联之后，美国航空航天局（NASA）为了验证 Atlas 火箭的发射性能以及卫星通信理论的可行性，于 1958 年 12 月 18 日发射了国际上第一颗通信试验卫星—"斯科尔"（SCORE）广播试验卫星，成功将美国总统的《圣诞节祝辞》录音送至太空，并传输到各地进行广播。

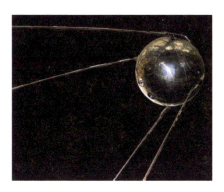

图 5-2 卫星 1 号

◆ "斯科尔"卫星

"斯科尔"卫星（Signal Communication by Orbiting Relay Equipment, SCORE），如图 5-3 所示，设计寿命 20 天，实际在轨运行 35 天。运行在地球低轨椭圆轨道，近地点距离 184km，远地点距离 1462km。SCORE 直接采用火箭作为卫星平台，重量达到了 3980kg，而实际有效载荷仅有 87kg。该卫星的通信有效载荷仅用了 6 个月就完成了全部研发工作。其中，天线由 4 个安装在火箭表面的狭槽天线组成，两收两发，增益为 -1dB；通信发射机全部由电子管构成，频率为 132Hz，输出功率为 8W；通信接收机则全部由晶体管构成，频率为 150MHz，噪声系数为 10dB。该卫星由于设计寿命短，其电源系统直接采用了银锌蓄电池，避

图 5-3 "斯科尔"卫星

免了电源设计的复杂性。又由于运行轨道属于低轨椭圆轨道,SCORE 通过录音磁带确保了储存延时下传的能力。

1960 年 8 月 12 日,美国再次发射了一颗通信实验气球卫星——"回声"1号。它是一颗没有电源的卫星,只能对地面信号进行反射,地面接收站通过接收该卫星的反射信号就能实现通信。但是这种通信方式的效率太低,故没有多大实用价值。1962 年 7 月,"电星"1 号升空,在美国缅因州的 Andover 站与英国的 Goonhilly Downs 地面站和法国的 Pleumeur-Bodou 站之间成功地进行了横跨大西洋的电视转播和传送多路电话试验,实现了美英法三国电视信号横跨大西洋的有源中继通信。美国电视观众实时看到了位于缅因州 Andover 的"电星"1 号美国地面站上飘扬的美国国旗。随后来自法国 Pleumeur-Bodou 站和英国 Goonhilly Downs 地面站的类似图像被传送到美国电视网。"电星"1 号的发射成功标志着洲际宽带通信的诞生!

◆ "电星"1 号

"电星"1 号(Telstar 1)由美国贝尔实验室研制,其外型为直径约 880mm、重 77kg 的球体,如图 5-4 所示它包含了贝尔实验室众多的创新技术,包括采用 3600 个由贝尔实验室于 1954 年发明的太阳能蜂巢作为动力系统以及贝尔实验室的 Pierce 于 50 年代改进的新型行波管作为微波无线电反射源等。"电星"1 号卫星的容量达到了 600 个语音信道或一个电视频道。1962 年 7 月 10 日美国航空航天局使用一枚三角洲运载火箭从卡纳维拉尔角发射了"电星"1 号,它是第一颗私人公司发射的卫星。"电星"1 号是一颗中高度卫星,它的椭圆轨道的公转周期为 2 小时 37 分钟,与赤道的倾角为 45°,近地点离地面约 1000km,远地点离地面越 6000km。由于它的轨道它每公转中仅有 20min 时间可以进行跨大西洋转播。

图 5-4 "电星"1 号

由于美苏两国相继开展的高空核爆试验,运行在地球范艾伦辐射带上的"电星"1 号受到高辐射影响,由于三极管饱和,12 月初该卫星停止工作。1963年 1 月初通过绕过被破坏的三极管它恢复工作。但是卫星依然受到高辐射影响,加上阳光的作用使得其三极管再次被破坏,这次无法挽救。1963 年 2 月 21

日"电星"1号停止工作。虽然这颗通信卫星只服务了一年,但之后众多的日益先进的卫星都沿用了"Telstar"这一名称。据美国太空物体目录2008年6月"电星"1号依然在轨道上。

1962年12月13日美国发射了第一颗能将从地面传来的信号放大后转发的卫星——"中继"1号(图5-5)。在1963年11月23日进行美、日两国间电视转播试验时,就是通过这颗卫星及时地播放了肯尼迪遇刺的重大新闻。

1965年4月6日美国成功发射了世界第一颗实用静止轨道通信卫星,标志着卫星通信时代的开始。该卫星最初命名为"晨鸟"号,后改称国际通信卫星1号,它具备了240路电话通道和1路电视通道,并能24h连续工作,1965年6月28日正式投入商业运行。仅两周后,苏联也成功发射了在大椭圆轨道(倾角为65°、远地点为40000km、近地点为500km的准同步轨道)上运行的第一颗非同步通信卫星"闪电"-1,对其北方、西伯利亚、中亚地区提供电视、广播、传真和一些电话业务。

图5-5　"中继"1号

◆ "国际通信卫星"-Ⅰ号

1965年4月,西方国家财团组成的"国际通信卫星组织"将第1代"国际通信卫星"(IN-TELSAT-Ⅰ,简记IS-Ⅰ,原名"晨鸟"如图5-6)射入西经35°W的大西洋上空的静止同步轨道,正式承担欧美大陆之间商业通信和国际通信业务。该卫星高0.6m,直径0.72m,重39kg,设计寿命18个月,实际在轨工作近4年,

图5-6　"国际通信卫星"-Ⅰ号

成功对同步轨道商业通信卫星的概念进行了演示。1969 年 1 月,该卫星停止服务,进入在轨备用状态。同年 6 月被唤醒,为"阿波罗"11 号任务提供支持,并于两个月后再次推出服务。

国际通信卫星组织于 1964 年由 11 个国家临时成立,目标是建立一个全球商业通信卫星系统,一视同仁地向所有国家提供范围更加广泛的电信服务。截止 1986 年已有 112 个国家参加了该组织(包括中国)。自 INTELSAT 卫星公司(COMSAT)发射的"INTELSAT"-Ⅰ国际通信卫星之后,已经先后发射了六代"国际通信卫星"(IS-Ⅱ~Ⅶ)。前四代已经完成了使命,现在正在运行的包括 IS-Ⅴ-A,IS-Ⅵ,IS-Ⅶ。

◆ 国际通信卫星简史

1966 年 10 月—1967 年 9 月,4 颗"国际通信卫星"-Ⅱ升空,通信容量为 400 个双向话路,通信能力遍及环球。星体直径 1.42m,高 0.67m,重 86kg,电源功率 75W,寿命 3 年。

1968 年 9 月至 1970 年 7 月,8 颗"国际通信卫星"-Ⅲ升空,通信容量为 1200 个双向话路。星体直径 1.42m,高 1.04m,重 152kg,电源功率为 120W,寿命 5 年。

1971 年 1 月至 1975 年 5 月,8 颗"国际通信卫星"-Ⅳ升空,通信容量达 5000 个双向话路。星体直径 2.38m,高 2.28m,总高 5.28m,重 700kg,电源功率 400W 寿命 7 年。

1975 年至 1979 年,2 颗"国际通信卫星"-ⅣA升空,每颗有 20 个转发器,通信容量为 6250 个双向话路和 2 路彩色电视,寿命仍为 7 年。

1980 年至 1984 年,3 颗"国际通信卫星"-Ⅴ升空,每颗有 27 个转发器,通信容量为 12000 个双向话路加 2 路彩色电视。第一次采用了三轴稳定和太阳能电池板技术。电池功率为 1742W,设计寿命 7 年。

1986 年,开始发射"国际通信卫星"-Ⅵ,卫星重量为 1689kg,频谱再用 6 次,有效带宽为 3680MHz,具有 34 个转发器,可同时传送 3 万个双向话路加 3 路彩电。

90 年代开始,"国际通信卫星"-Ⅶ升空,使用了大量的窄波束,并开发应用了 5 种新技术。该卫星可同时传送 10 万个双向话路加 4 路彩色电视。

卫星通信具有工作频带宽、通信质量好、下行广播覆盖范围广、网络建设速度快、成本低、信号传输时延大、控制复杂的特点(图 5-7)。卫星通信的可用频段已开发至 0、V 波段(40~50GHz),在 Ka 波段甚至可以支持 155Mb/s 的数据业务。由于卫星通信中的电磁波主要在大气层以外传播,受大气层内天气影响相对较少,而且对地面的情况如高山、海洋等不敏感,电波传播非常稳定,适用于在业务量比较稀少的地区提供大范围的覆盖,且成本与距离无关,除建地面站外,无需地面施工,运行维护费用低。卫星通信以覆盖面积大、通信距离远、传输容量大、通信质量高、组网灵活快速以及费用与通信距离无关等优点已成为国家信息基础设施不可缺少的重要组成部分,并在信息时代的通信中具有地面通信不可替代的重要作用。然而,高轨道卫星的双向传输时延可达到秒级,用于语音业务时会有非常明显的中断;由于卫星位置的不断变化,卫星通信系统中无线链路的控制系统也较为复杂。

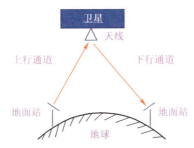

图 5-7　卫星通信天线阵与卫星通信电路示意图

　　通信卫星按其运行轨道离地面高度依次有低轨卫星、中轨卫星、高轨卫星和静止轨道卫星 4 种(图 5-8)。由于静止轨道卫星对地覆盖面积最大,地球站跟踪卫星最简单,所以,大多数通信卫星为静止轨道通信卫星。目前主要使用的卫

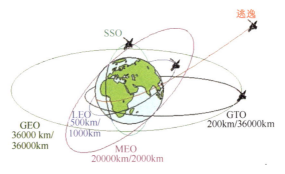

图 5-8　卫星运行轨道

星通信业务有以下 5 种:①用于固定的地球站进行卫星通信的卫星固定通信业务;②用于移动的地球站进行卫星通信的卫星移动通信业务;③一般公众用小型天线地球站接收装置直接接收卫星广播电视节目的卫星广播业务;④用于气象、海洋、资源、减灾等领域的卫星地球探测业务;⑤在军事和民用应用日益广泛的卫星定位导航业务。通过卫星建立的通信不仅语音响亮,图像清晰,而且节省了在地面铺设电路所需要的昂贵费用。因此,卫星通信一经出现便得到迅速的发展,成为国际通信的主力。特别是对于人烟稀少和铺设通信线路困难的地区,更是带来了"福音"。

◆ 静止卫星

目前,通信卫星多被发射到离地球赤道 36000km 的地球同步轨道(GEO)上,并围绕圆形轨道运行。这些卫星绕地球一周所需的时间约为 24h(23:56:4),几乎与地球自转的周期相同,于是从地球上观察这些卫星,就像是静止的一样,"静止卫星"也因此而得名。通信卫星居高临下,所发射的电波能将地球表面 40% 的地域覆盖。因此,三颗等间隔分布在大西洋、太平洋和印度洋上空的通信卫星,其电波几乎能将整个地球覆盖起来。正是基于这样的一个原理,只需三颗通信卫星,便能实现全球通信。

静止通信卫星远离地球达数万千米,经过距离的衰减,它发射出来的电波需要用口径较大的抛物面天线接收,再经放大后送给用户使用。很明显,利用静止通信卫星建立全球个人通信并不是很方便。于是,近年来许多国家都致力于低、中轨道卫星的研制、开发。进入 21 世纪,随着信息全球化以及互联网、数字多媒体通信需求和信息个性化需求的不断增长,通信系统正朝着宽带化、个体化、移动化和无缝隙覆盖方向发展。卫星通信系统所具有的独特的大面积覆盖及无缝隙覆盖能力、特有的广播和多播优势、不受地理条件限制的快速灵活性与普遍服务能力、大区域的可搬移性和移动接收能力、广域互联网连接能力,使其在当今信息化时代具有不可替代的重要作用,决定了卫星通信仍要继续应用和发展。

1984 年 4 月 8 日,我国自行研制的第一代通信卫星——"东方红"-Ⅰ型试验通信卫星(STW-1)成功发射(图 5-9)。1986 年 2 月 1 日,我国又成功发射了"东方红"-Ⅱ型实用通信广播卫星(STW-2)(图 5-10),用于部分电视、广播及通信的传输。随后又陆续成功发射了"亚洲""亚太""中星""中卫"和"鑫诺"等多颗通信卫星。截至 2016 年,我国有在轨对地静止卫星 17 颗、非对地静止卫星 6 颗,共有 179 个卫星通信网在运行,形成了一定规模的满足各种业务需要的卫星通信网和较大规模的卫星广播电视传输网。

图 5-9 "东方红"-Ⅰ型图

图 5-10 "东方红"-Ⅱ型图

5.1.2 卫星天线

卫星天线是卫星通信系统的重要组成部分,卫星天线就是常说的大锅,是一个金属抛物面,负责将卫星信号反射到位于焦点处的馈源和高频头内。卫星天线的作用是收集由卫星传来的微弱信号,并尽可能去除杂讯。大多数天线通常是抛物面状的,也有一些多焦点天线是由球面和抛物面组合而成。卫星信号通过抛物面天线的反射后集中到它的焦点处。

5.1.3 基站天线

卫星通信天线中的基站天线完成基站信号收发。通常,一个基站有 3 副定向天线,每副天线覆盖 120°的扇形区域。卫星信号通过卫星发射天线变换成高频电磁波,向天线辐射的方向发送出去,而地面基站接收天线捕获从卫星传播到地面的十分微弱的电磁波信号,并还原成高频电流,而后送给基站接收机做进一步放大和处理。基站的主要功能就是提供无线覆盖,即实现有线通信网络与无线终端之间的无线信号传输。

5.2 移动电话天线

◆ 蜂窝式移动电话的诞生

1979 年,日本开放了世界上第一个蜂窝移动电话网。其实世界上第一个移动电话通信系统是 1978 年在美国芝加哥开通的,但蜂窝式移动电话后来居上,在 1979 年,AMPS 制模拟蜂窝式移动电话系统在美国芝加哥试验后,终于在 1983 年 12 月在美国投入商用。

随移动通信技术的发展,移动通信终端设备也在发生着翻天覆地的变化。1985 年,全球第一台现代意义上的商用移动电话诞生。这个包括电源和天线的盒子重量达 3kg,需要像背包那样背着行走,所以称为"肩背式移动电话"。与现在形状接近的手机,诞生于 1987 年。与"肩背电话"相比,它显得轻巧得多,而且容易携带。尽管如此,其重量仍有大约 750g,与今天仅重 60g 的手机相比,像一块大砖头。从那以后,手机的发展越来越迅速。1991 年时,手机的重量为 250g 左右;1996 年秋,出现了体积为 100cm³、重量 100g 的手机。此后又进一步小型化、轻型化,到 1999 年就轻到了 60g 以下。也就是说,一部手机比一枚鸡蛋重不了多少了。

◆ 世界上第一部手机

1973 年 4 月 3 日,美国摩托罗拉公司的马丁·库珀博士带着第一款手机设计原型 DynaTAC(图 5-11)走上纽约街头,并用它给贝尔实验室乔尔·恩格的座机打了个电话,告诉乔尔他已经研制成功可随身携带的移动电话。早在 1954 年,马丁由于非常喜欢无线电技术曾到贝尔实验室应聘,但由于缺乏工作经验而被拒之门外。然而,正是凭着一股不服输的韧劲,马丁在 19 年后终于早于贝尔实验室发明了世界上的第一部手机,他本人也被誉为"手机之父"。

经过长达 10 年的开发工作,1983 年 4 月摩托罗拉推出了第一款 DynaTAC 8000X 手机产品,它的外表四四方方,重量为 2 磅(1 磅 = 0.4536kg),通话时间为 30min,售价为 3995 美元,被人们戏称为"砖头"或"黑金刚"。

图 5-11　美国摩托罗拉公司的第一款手机

5.2.1　手机天线

手机天线既是接收机天线又是发射机天线。由于手机工作在 900MHz 或 1800MHz 的高频段上,所以其天线体积可以很小。天线分为接收天线与发射天线。把高频电磁波转化为高频信号电流的导体就是接收天线。把高频信号电流转化为高频电磁波辐射出去的导体就是发射天线。在电路图上天线通常用字母"ANT"表示。

5.2.2　基站天线

在移动通信网工程设计中,应该根据网络的覆盖要求、话务量分布、抗干扰要求和网络服务质量等实际情况来合理的选择基站天线。由于天线类型的选择与地形、地物,以及话务量分布紧密相关,可以将天线使用环境大致分为五种类型:城区、密集城区、郊区、农村地区、交通干线等。

城区基站宜选用水平半功率角为60°左右的中等增益的双极化天线。例如水平半功率角为65°的15dBi双极化天线;密集城区基站选用电子式倾角的水平半功率角为60°左右的中等增益双极化天线较为合适;农村地区基站天线选用水平半功率角为90°的17dBi单极化天线及11dBi的全向天线;交通干线基站天线如果覆盖目标仅为高速公路或铁路等交通干线,可以考虑使用8字形天线。

5.3　广播电视天线

在1906年12月25日加拿大—美国物理学家费森登进行了一次试验广播,他在纽约附近设立了世界上第一个广播站,通过无线电波向空中播送圣诞故事和音乐,这就是人类大一次在空中传播自己的声音。世人公认,这是广播第一次发射成功。1920年,美国匹兹堡的KDKA电台进行了首次商业无线电广播。广播很快成为一种重要的信息媒体而受到各国的重视。广播出现后在世界各国迅速发展起来,到1930年,无线广播几乎遍布世界各国。在第二次世界大战期间,广播成为当时最主要的宣传工具,这也使得广播事业在这一期间得到了飞速发展,在技术及普及度上都已相对成熟。后来,无线电广播从"调幅"制发展到了"调频"制。到20世纪60年代,又出现了更富有现场感的调频立体声广播。

◆　无线电广播之父

在1906年之前也有很多人在无线电研究上取得了显著成果,其中最出名的就是被誉为无线电广播之父的美国人巴纳特·史特波斐德。他于1886年便开始研究,经过十几年不懈努力而取得了成功,在1902年,他在肯塔基州穆雷市进行了第一次无线电广播。他们在穆雷广场放好话筒,由巴纳特·史特波斐德的儿子在话筒前说话、吹奏口琴,他在附近的树林里放置了5台矿石收音机,均能清晰地听到说话和口琴声,试验获得了成功。之后又在费城进行了广播,并获得了专利权。现在,州立穆雷大学仍树有"无线电广播之父——巴纳特·史特波斐德"的纪念碑。

◆　第一次无线电广播

1906年12月24日圣诞节前夕,晚上8点左右,在美国新英格兰海岸附近穿梭往来的船只上,一些听惯了"嘀嘀嗒嗒"莫尔斯电码声的报务员们,忽然听到耳机中传来有人正在朗读圣经的故事,有人拉着小提琴,还伴奏有亨德尔的《舒缓曲》,报务员们怔住了,他们大声地叫喊着同伴的名字,纷纷把耳机传递给同伴听,果然,大家都清晰地听到说话声和乐曲声,最后还听到亲切的祝福声,几分钟后,耳机中又传出那听惯了的电码声。其实这并不是什么奇迹的出现,而是由美国物理学家费森登主持和组织的人类历史上第一次无线电广播。这套广播设备是由费森登花了4年的时间设计出来的,包括特殊的高频交流无线电发射机和能调制电波振幅的系统,从这时开始,电波就能载着声音开始展翅飞翔了。

1922年16岁的美国中学生菲罗·法恩斯沃斯设计出第一幅电视传真原理图(1929年申请了发明专利,被裁定为发明电视机的第一人)。1925年,英国人贝尔德发明了机械扫描式电视机,被称为"电视机之父"。1927年,英国广播公司试播了30行机械扫描式电视,从此开始了电视广播的历史。与此同期,美籍苏联人弗拉迪米尔·兹沃里金研制成功光电显像管,制成了世界上第一台黑白电视机。1935年,英国广播公司用电子扫描式电视取代了贝尔德的机械扫描式电视,这标志着一个新时代由此开始。

广播和电视的出现,加速了人类的文化交流,极大地影响了人们的生活方式、工作方式和行为模式。它将整个世界更紧密地联系在一起,使世界各地的人们能够迅速地了解地球上任何地方发生的事情。可以说,现代通信技术使世人有了"顺风耳""千里眼",使时空距离缩小了,使我们居住的地球变小了。

与此同时,无线电通信逐渐被用于战争。在第一次和第二次世界大战中,它都发挥了很大的威力,以致有人把第二次世界大战称之为"无线电战争"。在第二次世界大战中,出现了一种把微波作为信息载体的微波通信。这种方式由于通信容量大,至今仍作为远距离通信的主力之一而受到重视,在通信卫星和广播卫星启用之前,它还担负着向远地传送电视节目的任务。到了20世纪70年代,随着电视的遍及,广播事业的发展也遭遇到前所未有的冲击。最后,广播打破传统的办台方式和办台理念,突破革新,在竞争中不断发展。

5.4 飞行器天线

飞行器天线,就是飞行器上用来辐射和接收无线电波的装置。其原理就是发射天线将振荡器(发射机)送来的交流电磁能变为向一定空间传播的电磁波(无线电波)能量。接收天线从周围空间获取电磁波能量,并将它传送给接收设备。一般地说,天线尺寸对波长的比值越大,获得的能量也越大。天线具有互易性,作发射或接收时参数不变。对天线参数的要求决定于无线电电子设备的用途。

5.5 汽车天线

汽车天线称为车载天线,是指设计安装在车辆上的移动通信天线,一般汽车上的天线用于车上的收音机和电台,可分汽车内置天线和外置天线。但根据不同用途的汽车也有安装其他的天线。如公交车有 DVB-T 天线,车载 TV 天线。物流及出租车还装有 GSM 天线、GPS 卫星天线。收音机和电台天线主要就是 AM/FM 天线、软 PCB 数字天线、AM/FM/TV 天线等。根据不同的功能和用途,所用的天线的频率也不同。

国内首款车载卫星接收天线,该天线具有尺寸小,增益较高,重量轻,稳定性强,抗抖动等特点。在时速 200km 的抖动路面也可以稳定接收。内部的关键元件为韩国原厂进口。可以适应所有陆上车辆安装低廉的价格,高性价比,使你的爱车动中接收卫星电视成为可能。

现在国外发达国家的一些地方,整个城市内都提供了无线的服务,在车上你就可以直接地接入到因特网上。WiMAX 网络正在向这个方向发展,不久的将来,国内的一些主要城市也会提供高品质的无线接入服务。移动中的天线是未来发展的趋势。

5.6 雷达天线

雷达天线是雷达中用以辐射和接收电磁波并决定其探测方向的设备。雷达天线具有将电磁波聚成波束的功能,定向地发射和接收电磁波。雷达的重要战术性能,如探测距离、探测范围、测角(方位、仰角)精度、角度分辨力和反干扰能力均与天线性能有关。

雷达天线在空间聚成的立体电磁波束,通常用波束的水平截面图(即水平方向图)和垂直截面图(即垂直方向图)来描述。方向图呈花瓣状,又称为波瓣图。常规的天线方向图有一个主瓣和多个副瓣。主瓣用于探测目标。副瓣又称旁瓣,是无用的,越小越好。雷达的战术用途不同,所要求的天线波束形状也不相同。常规雷达的发射波束和接收波束是相同的,一些特殊体制的雷达,发射波束和接收波束不同。脉冲雷达多数是发射和接收共用一个天线,靠天线收发开关进行发射和接收工作状态的转换。有些雷达(如多基地雷达和连续波雷达),其发射天线和接收天线是分开的。

5.7 通信电台天线

通信电台天线一般是短波电台天线,是完成高频电流能量和电磁波能量互换的一种能量转换装置。通常采用鞭形天线,利用地波进行近距离通信,功率通常为数瓦至数十瓦。主要用于传送语音、等幅报和移频报。常用的有车载短波天台、背负式短波天线、军用短波天线。

【短波通信】

短波通信是指波长为 100~10m(频率为 3~30MHz)的无线电。其传输过程如图 5-12 所示。在通信现代化的战争中,短波通信被广泛用于传输电报、电话、数据和静态图像,在军用远程通信中占据极其重要的地位。

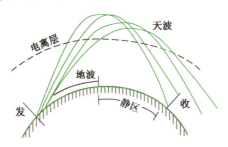

图 5-12　短波通信传输示意图

1924 年第一条短波通信线路在瑙恩和布宜诺斯艾利斯之间建立。同年,英国物理学家阿普尔顿在巴尼特的协助下通过直接测量电离层的高度,最先证实了 E 电离层的存在(110~120km)。1926 年他又发现了阿普尔顿电离层(F 电离层),并因此获得诺贝尔物理学奖。1927 年,我国生产了短波电台(图 5-13),并在中国国民革命军中建立了短波通信。1931 年,中国工农红军开始建立短波通信。在历次革命战争中,短波通信对保障作战指挥发挥了重要的作用。卫星通信问世以来,许多短波通信业务被卫星通信所代替,但由于短波通信具有独特优点及新技术的应用,使它在军事上仍是一种不可缺少的通信方式。

图 5-13　短波电台

【超短波通信】

超短波通信利用 1~10m 波长的电磁波进行视距传输的一种。超短波波段相当于 30~300MHz 的甚高频段,所以超短波通信也称甚高频通信。视距传输是指在视距范围内直射波的传播。当通信距离超过视距时,则利用中继站进行接力通信。整个超短波的频带宽度有 270MHz,是短波频带宽度的 10 倍。由于频带较宽,因而被广泛应用于传送电视、调频广播、雷达、导航、移动通信等业务。

1930 年,人们发明了超短波通信,1931 年利用超短波跨越英吉利海峡通话得到成功。1934 年在英国和意大利开始利用超短波频段进行多路(6~7 路)通信。1940 年德国首先应用超短波中继通信。中国于 1946 年开始用超短波中继电路,开通 4 路电话。超短波电离层传播有散射传播和透射传播两种主要形式。自 1950 年 H. G. 布克和 W. E. 戈登提出超短波对流层散射传播理论以后,P. K. 贝利等人使用大功率发射机和高灵敏接收机进行电离层超短波散射传播,建立了超短波、超视距、低电离层散射通信电路,通信频率为 30~60MHz。这种散射机理是利用 85~100km 高度的电离层不均匀体的散射作用,通信距离为 1000~2000km,适于跨地区或岛间通信。这种通信方式最大特点是不受电离层扰动的影响,尤其适合高纬度地区和跨极光区使用。但通信容量低,一般只能通一路电话或四路移频电报,而且与短波设备相比体积庞大,费用昂贵。

【微波通信】

微波指频率从 300MHz~3000GHz 的无线电波。其特点是波段频率范围宽,约是其他无线电波段频率范围总和的 1000 倍。它能容纳极多的电话、电报、电视等信号同时在一个信道上传播而不受干扰,是采用多路通信、频率复用比较理想的工作波段。20 世纪 50 年代中期,中国开始微波通信技术研究和线路建设。1959 年,在北京至天津之间建设了一条微波试验线路。1964 年,完全使用国产设备的北京—天津微波线路建成。这条微波线路为 60 路微波线路,是中国第一条正式使用的微波线路,开创了中国利用微波进行通信的时代。

微波一般采用视距传输(直线),由于地球曲面的影响以及空间传输的损耗,每隔 50km 左右,就需要设置中继站,将电波放大转发而延伸。微波波长很短,波长极短的微波可以用于电视、雷达测距和卫星通信等,雷达探测距离长短跟波长、输出功率有关,像输出功率极大的地面大型雷达站甚至可以探测远达 4000~5000km 外的目标。

1933 年法国人克拉维尔建立了英法之间和第一第商用微波无线电线路,推动了无线电技术的进一步发展。微波通信特点是:频率范围宽,通信容量大,传播相对较稳定,通信质量高,采用高增益天线时可实现强方向性通信,抗干扰能力强,可实施点对点、一点对多点或广播等形式的通信联络。它是现代通信网的主要传输方式之一,也是空间通信的主要方式。微波通信在军事战略通信和战术中占有显著的地位。

参考文献

[1] 刘学观,郭辉萍. 微波技术与天线[M]. 西安:西安电子科技大学出版社,2012.

[2] 王建,郑一农,何子远.阵列天线理论与工程应用[M].北京:电子工业出版社,2015.

[3] 付云起,张光甫,等.天线理论与工程[M].北京:电子工业出版社,2015.